钢管混凝土支架力学性能与软岩巷道承压环强化机理

刘国磊　李学彬
黄万朋　王　军　著
曲广龙　高琨鹏

中国矿业大学出版社

内容提要

本书针对软岩巷道难支护和钢管混凝土支架支护性能参数的相关问题，通过理论分析、实验室测试、数值模拟和现场试验研究了钢管混凝土支架性能、软岩巷道承压环强化支护理论及技术；分析了钢管混凝土支架结构特征，对钢管混凝土短柱强度进行了理论分析和实验室试验，推导了钢管混凝土圆弧拱抗弯能力的计算公式，提出了抗弯强化措施并进行了理论推导和实验室试验；通过实验室测试得出了$\phi 194\times 8$和$\phi 168\times 6$型浅底拱圆形钢管混凝土支架的极限承载能力；建立了不同围岩条件下承压环强化力学模型，并对其围岩控制效果进行了分析，指出软弱围岩条件下需在围岩内和巷道开挖空间内进行承压环强化，极软弱围岩条件下需在巷道开挖空间内重建承压环；分析了北皂煤矿巷道围岩的力学参数、水理性质和地应力场，依据承压环强化支护理论设计了以钢管混凝土支架为主体的极软弱围岩巷道支护方案，施工后的矿压监测结果说明巷道围岩稳定。

本书可供从事深井软岩巷道支护、矿山压力与岩层控制、结构力学等研究领域的科技工作者、研究生和工程技术人员参考使用。

图书在版编目(CIP)数据

钢管混凝土支架力学性能与软岩巷道承压环强化机理/刘国磊等著. — 徐州：中国矿业大学出版社，2018.11

ISBN 978-7-5646-3852-8

Ⅰ.①钢… Ⅱ.①刘… Ⅲ.①钢管混凝土—巷道支护—研究②软岩巷道—巷道支护—支承压力—研究 Ⅳ.①TD353

中国版本图书馆CIP数据核字(2017)第325670号

书　　名 钢管混凝土支架力学性能与软岩巷道承压环强化机理
著　　者 刘国磊　李学彬　黄万朋　王　军　曲广龙　高琨鹏
责任编辑 满建康
出版发行 中国矿业大学出版社有限责任公司
（江苏省徐州市解放南路　邮编221008）
营销热线 (0516)83885307　83884995
出版服务 (0516)83885767　83884920
网　　址 http://www.cumtp.com　**E-mail**:cumtpvip@cumtp.com
印　　刷 徐州中矿大印发科技有限公司
开　　本 787×1092　1/16　**印张** 10　**字数** 191千字
版次印次 2018年11月第1版　2018年11月第1次印刷
定　　价 39.00元

前　言

我国有30多个矿区面临软岩巷道支护难题，软岩问题是影响煤炭开采安全和生产效益的最重要问题之一，中国矿业大学（北京）高延法教授发明的钢管混凝土支架支护技术，为解决软岩巷道支护难题开辟了一条新的途径。针对软岩巷道难支护和钢管混凝土支架相关问题，本书主要通过理论分析、实验室测试、数值模拟以及现场试验的方法，在前人研究基础上对钢管混凝土支架结构、钢管混凝土短柱强度、钢管混凝土支架圆弧拱抗弯能力与抗弯强化技术、钢管混凝土支架承载性能、软岩巷道承压环强化支护理论和软岩巷道支护方案设计与施工等方面进行研究。本书主要研究成果如下：

（1）钢管混凝土支架结构与钢管混凝土短柱强度。钢管混凝土支架各部位受到的作用力主要有：轴向压力和弯矩的作用力。支架的失稳破坏形态主要有：整体结构失稳、受压变形破坏和弯矩作用使支架弯曲变形破坏。进行了钢管混凝土短柱强度试验，试验结果表明钢管混凝土短柱承载能力大，可以实现塑性大变形，轴向变形量最大可达30%以上，塑性状态后承载能力继续增大，属于塑性硬化。

（2）钢管混凝土支架圆弧拱抗弯能力及其强化措施。通过理论计算得出了钢管混凝土支架圆弧拱小变形弹性阶段的抗弯能力计算公式，提出了钢管混凝土支架圆弧拱抗弯能力强化措施，强化后圆弧拱承载能力提高50%以上。对比测试了空钢管、钢管混凝土、强化钢管混凝土、U型钢和工字钢圆弧拱试件的抗弯能力，并提出了钢管混凝土支架设计的要点和建议。

（3）钢管混凝土支架承载性能。对$\phi 194\times 8$和$\phi 168\times 6$两种型号钢管混凝土支架进行了承载力实验室试验，支架试件形状为浅底拱圆形；支架净断面：宽4 m、高3.8 m；$\phi 194\times 8$型钢管混凝土支架试件弹性极限荷载为 2 000 kN，极限荷载为 2 035 kN；ϕ168×6 型钢管混凝土支架试件弹性极限荷载为 1 500 kN，极限荷载为 1 600 kN。支架载荷超过弹性极限荷载后，承载力不降低，试件内核心混凝土已经开始破坏；支架变形最大的部位是支架的两肩位置，在顶部两端套管下部；试件试验过程可分为 4 个阶段：支架整体压实阶段、支架整体弹性阶段、支架整体进入塑性破坏阶段、卸荷阶段。

(4) 不同围岩条件下的巷道承压环强化支护理论。根据围岩自身强度，将围岩分为三类，不同类型围岩的承压环强化方式和范围不同：中硬围岩（σ_c>30 MPa），承压环强化范围和方式为巷道围岩内锚杆锚固的围岩；软弱围岩（10 MPa<σ_c<30 MPa），承压环强化范围和方式为巷道围岩内锚杆锚固围岩（注浆加固围岩）和巷道开挖空间内安装的钢管混凝土支架；极软弱围岩（σ_c<10 MPa），承压环强化范围和方式为巷道空间内的钢管混凝土支架和混凝土碹体。

(5) 软岩巷道支护方案设计方法与施工工艺。对北皂煤矿海域扩采二采区回风上山含油泥岩层的岩石力学强度、吸水率、膨胀率、矿物成分、微观结构及采区地应力场进行了测试，并设计了针对性的支护方案：钢管混凝土支架配合混凝土碹体，在巷道空间内重建承压环。支架参数为：圆形，直径 4.5 m，五段弧之间用套管连接，支架之间用顶杆连接；主体钢管：ϕ194×8 mm，套管：ϕ219×8 mm，在支架顶端内侧加焊 1 500 mm 的 ϕ38 圆钢；核心混凝土为 C40 钢纤维混凝土；支架承载力为 2 586 kN，支护反力为 1.25 MPa。混凝土碹体参数：钢管混凝土支架和巷道围岩中间挂金属网及隔绝水和风化作用的泡沫塑料板，金属网采用 ϕ8 mm 钢筋，规格为 1 000 mm×1 000 mm，网孔 100 mm×100 mm，网片之间压茬 100 mm，混凝土喷碹厚度 300 mm，混凝土标号 C20。施工后矿压监测数据显示：支架最大变形量约为 80 mm，支架和巷道围岩稳定。

本书在撰写过程中，参考了部分煤矿企业技术资料和国内外专家学者的论文等学术著作，在此表示诚挚的谢意。感谢山东省自然科学基金（ZR2018BEE009）、中国博士后科学基金（2018M632677）、中国矿业大学煤炭资源与安全开采国家重点实验室开放研究基金（SKLCRSM16KF07）和河南理工大学深井瓦斯抽采与围岩控制技术国家地方联合工程实验室开放基金（G201606）对相关研究及本书的出版给予的资助。感谢高延法教授的悉心指导，感谢课题组成员以及北京工业大学结构工程实验室、山东理工大学结构实验室、山东能源龙口矿业集团公司等在本书的理论研究、实验室试验和现场试验中所做的贡献，在此一并表示衷心感谢。

由于编者水平有限，书中难免有疏漏和不妥之处，恳请广大读者给予批评指正。

作 者

2018 年 6 月

目　录

1 绪 论

本章提出了软岩巷道难支护的问题，针对该问题介绍了研究钢管混凝土支架性能及软岩巷道承压环强化支护理论的必要性和意义，总结归纳了目前在软岩巷道围岩失稳变形特征、失稳机理和软岩巷道支护技术方面的研究成果，介绍了钢管混凝土支架支护技术的发展过程和发展现状，并指出前人研究的不足，分析了需要进一步研究的必要性，基于上述分析提出了本书的主要研究内容及采用的研究方法。

1.1 研究背景及意义

煤炭是我国的主要能源，约占一次能源结构的70%，且在未来相当长一段时期内，煤炭在能源中的地位不会改变。我国目前已探明的煤炭资源量占世界总量的11.1%，占我国化石能源资源总量的95%，石油和天然气仅占总量的2.4%和1.2%。据统计，我国远景煤炭资源储量约为5.57万亿t，而埋深在1 000 m以下的有2.95万亿t，占煤炭资源总量的53%[1]。随着我国煤炭资源采掘量的逐年增加，浅部的煤炭资源已经逐渐开始枯竭，逐渐开始开采深部的煤炭资源，开采深度在以8～12 m/a的速度增长，东部地区的矿井则在以10～25 m/a的速度发展[2-4]。我国有很多煤矿已经开始开采1 000～1 500 m水平的煤炭资源，如北京门头沟矿开采深度1 008 m，长广矿开采深度1 000 m，开滦赵各庄矿开采深度1 159 m，新汶孙村矿开采深度1 400 m，北票冠山矿开采深度1 059 m，沈阳采屯煤矿开采深度1 197 m，徐州张小楼矿开采深度1 100 m，其他如淄博、济宁、巨野、鸡西、七台河、平顶山、抚顺等多个矿区的开采深度均已超过1 000 m[4-8]。深部高应力环境下，巷道围岩变形破坏体现出软岩巷道的特征：巷道变形量大，支护困难。

同时，我国每年新掘巷道里程大于6 000 km，软岩巷道的比例占到10%以上，30多个矿区面临软岩巷道支护难题，如吉林舒兰和辽源梅河、辽宁沈阳、内蒙古平庄和锡林郭勒、山东龙口和济宁、安徽淮南和淮北、河南义马、青海大通、贵州六盘水、浙江长广、陕西王石凹、广东茂名等[9]。每年需要耗费巨大的人力、物力、财力对巷道进行返修和维护，影响了生产安全和进度。甚至个别矿井出现过由于软岩巷道围岩变形量大且变形快，巷道掘进机掘巷后，围岩立刻发生收敛变形，掘进机无法退出的情况，使得巷道无法掘进，导致矿井停产或停建，造成了巨大经济损失，同时也给矿井安全带来巨大威胁。

长期以来，软岩巷道围岩控制难题一直困扰着软岩矿井巷道工程的进展，国内外大量专家、学者、工程设计人员对此进行了长期的探讨和研究。通过研究取得了一系列的研究成果，丰富了软岩巷道支护技术，如料石砌碹、锚喷、锚网喷、锚索、注浆加固、钢筋混凝土、钢架等支护技术[10-27]，为我国的软岩巷道支护工程做出了很大贡献，但依然存在巷道围岩应力大且复杂、变形量大、难以进行有效控制的问题。

龙口矿区北皂煤矿海域扩采区煤$_2$顶板为极软弱岩层，单轴抗压强度小于10 MPa，黏土矿物含量大于50%，遇水泥化，巷道围岩自身承载能力极差，巷道支护困难，采用传统的锚网喷＋U36型钢支架（或工字钢支架）支护技术无法有效控制围岩变形，给安全生产带来很大隐患。图1-1为巷道掘出1个月后的巷道围岩变形破坏情况。

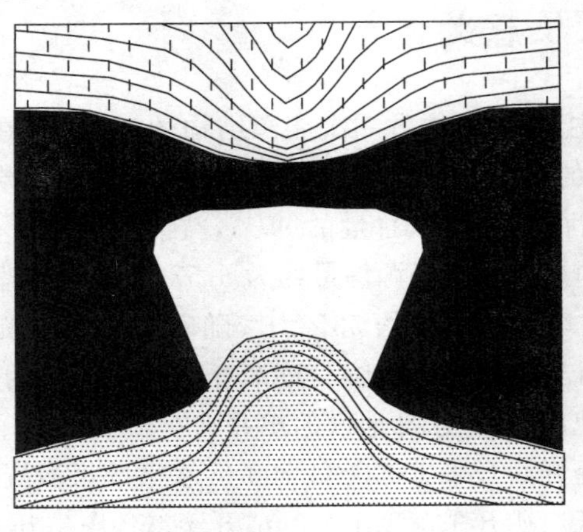

图1-1　巷道掘出1个月后的断面形状[28]

钢管混凝土是指在空钢管内填充混凝土组成的一种新型构件，其工作原理是：钢管内核心混凝土使得钢管管壳的稳定性增强；钢管壳的约束作用使核心混凝土处于有围压的三向受压状态，使得其强度大大增加[29-31]。圆钢管混凝土构件的截面为圆形，惯性矩大且无异向性，不易扭曲变形。

2004年以来，中国矿业大学（北京）的高延法教授带领的科研团队依照井下巷道断面形状，将钢管弯制成对应的形状，在井下组装并灌注混凝土形成钢管混凝土支架，并应用到软岩巷道支护中，为解决软岩巷道支护难题开辟了一条新的途径[32]。

本书主要在高延法教授及其科研团队对钢管混凝土支架支护技术与承压环强化支护理论研究的基础上，进一步对钢管混凝土支架的结构特点、应力状态、抗弯性能和支架整体的承载力进行理论分析和试验研究，并对软岩巷道承压环强化支护理论进一步分为3种围岩条件（中硬围岩、软弱围岩和极软弱围岩）进行分析和研究，结合北皂煤矿海域扩采二采区回风上山工程地质条件，对钢管混凝土支架支护技术和软岩巷道承压环强化理论在极软弱围岩中的应用进行研究。本书的研究可以丰富软岩巷道支护理论，为软岩巷道支护实践提供理论依据和技术指导；同时本书关于钢管混凝土支架性能的研究可以推动软岩巷道钢管混凝土支架支护技术的进步和发展。

1.2 软岩巷道围岩变形机理及支护技术研究综述

巷道围岩变形机理最早是用弹塑性理论对其进行研究的，也是最经典的研究方法之一，至今仍然在用。该理论是由 Fenner R. 于 1938 年提出的，1951 年 Kastner H. 又作了重要的修正，并推导了圆形巷道的围岩特征曲线方程和描述弹塑性区应力和弹塑性区半径的 Kastner 方程。但该理论的前提假设条件为巷道围岩破坏后强度保持不变，是理想的弹塑性介质，因此计算结果与实际值差距较大，适用条件有限。

关于围岩控制理论，国外的众多学者进行了大量研究，取得了一系列成果。奥地利工程师 L. V. Rabcewice 于 20 世纪 60 年代提出新奥法，新奥法不是建立在对于坍落拱的“支撑概念”上，而是建立在对围岩的“加固概念”基础上，核心是利用围岩的自承作用来支撑围岩。M. D. Salamon 等提出能量支护理论，巷道支护体与围岩相互作用，围岩释放的能量由支护体吸收，总能量不变[33]。应力控制理论的原理是采取技术手段改变围岩的力学性质，改善围岩内的应力和能量环境，降低围岩的承载能力，使围岩的应力峰值向深部转移[34]。日本的山地宏和樱井春辅提出了围岩应变控制理论，该理论认为：支护结构增加时，围岩应变减小，容许应变增大，增加支护结构可以将应变控制在容许应变范围内。W. J. Gale 提出了最大水平主应力理论：指出巷道轴线方向和最大主应力方向一致时，巷道稳定性好，两者垂直时，巷道稳定性差。

我国的众多专家学者采用理论推导、实验室测试、数值模拟和工程实践等方法对岩石的流变特性、软岩巷道的变形机理、应力特征及软岩巷道支护技术进行了分析研究。

陈宗基[35-36]指出巷道围岩岩体的流变和扩容与巷道围岩变形破坏是有相

互关系的，岩体中的扩容对巷道围岩中膨胀岩石的稳定性有较大影响。于学馥等提出的“轴变论”认为巷道围岩破坏是由于岩体强度小于岩体应力引起的，巷道经过塌落后应力重新分布直至稳定。孙均、冯豫、陆家梁、郑雨天、朱效嘉等认为：在进行巷道支护时，支护体只有支护刚度是不够的，需要“先柔后刚，先抗后让，柔让适度，稳定支护”，让压一定程度后，要限制围岩位移。

董方庭教授等[37-44]提出的围岩松动圈理论认为减少围岩中松动圈发展产生的巷道变形破坏是进行巷道支护的目的，围岩松动圈范围越大，支护越困难。方祖烈[45]将巷道深部围岩定义为压缩域，是主要承载区，将巷道周围岩体定义为张拉域，是次承载区，支护技术的作用对象是次承载区，提高次承载区的承载性能，然后通过主次承载区相互作用，使得巷道稳定。康红普等[5,46-63]提出了关键承载圈理论：巷道围岩内存在关键承载圈，承载圈厚度大，承受的应力小，分布均匀，则巷道稳定；通过分析目前锚杆支护技术和深部高应力巷道围岩变形与破坏特征，提出了高预应力、强力支护理论与锚杆支护设计准则，对控制高应力巷道围岩变形起到了较大作用。

彭苏萍等[64]针对邢台矿区显德汪矿软岩巷道的大变形、大地压、难支护的现象，进行了三轴压缩流变试验。试验表明：一定围压下岩体都有一定的起始流变强度，作用力小于此强度岩体不发生流变，作用力大于起始流变强度时，则开始产生流变，流变过程分为阻尼流动变形阶段、常速流动变阶段和加速流变阶段，作用力接近试件的峰值强度时，常速流变阶段较短即进入加速流变阶段。

林育梁[65]在总结前人工作的基础上，通过研究将软岩变形流动形式分为3类：连续变形型、流动型和复合型。连续变形型又分为2种：弹塑性变形型和流变型；流动型可分为松散流动型和节理滑移型2种。软岩巷道支护时不能所有情况下都采取让压支护措施，应该充分考虑围岩的变形流动形式并与之相适应。

柏建彪等[66-68]采用FLAC中的指数蠕变模型，对围岩应力和围岩变形速度与时间的关系、二次支护的时机以及支护强度与巷道围岩变形的关系进行了研究，并提出全断面松动放矸卸压技术，目的是控制围岩应力；方式是在支架后方放矸；机理是通过释放围岩变形能，将巷道开挖形成的集中应力向围岩深部转移，使巷道处于应力较低的区域中。

高延法等[69-73]在岩石流变试验和软岩巷道围岩变形破坏机理及特征方面做了大量的研究工作。为满足岩石的流变及其扰动效应试验需要，研制了RRTS-Ⅱ型岩石流变扰动效应试验仪，可用于单轴和低围压三轴压缩蠕变扰动效应试验。试验仪轴向加载方式为重力加载，压力可达100 MPa，同时可以施加冲击与爆破扰动荷载，通过高压气体储能器可对试件提供围压，压力可达10 MPa，通过数据处理软件对试验数据采集和处理分析试件的荷载、位移、应变和振动。通过研究指出软岩巷道围岩具有流变特性，变形量大，且对扰动敏感，据此提出了岩石强度极限邻域的概念：岩石在简单的压（拉、剪）应力状态下，岩石具有强度极限值 σ_0，给定 $\Delta\sigma$，如果岩石的应力 σ 满足 $\sigma_0-\sigma\leqslant\Delta\sigma$，则岩石处于强度极限邻域。岩石处于岩石强度极限邻域内时岩石将产生流变变形，岩石结构发生损伤劣化，进而使得巷道围岩应力场不断演变，围岩应力峰值点不断向围岩深处转移。同时，当岩石处于岩石强度极限邻域内时，扰动对岩石的作用明显，一旦有外部扰动作用，围岩的软弱单元和软弱连接面处可能发生局部变形破坏。

范庆忠等[74-76]对红砂岩进行了分级加载试验研究，试验仪器为重力加载流变仪，研究指出试件的轴向稳定蠕变的应力门槛值高于侧向稳定蠕变应力门槛，侧向蠕变有明显的加速蠕变阶段，且比轴向加速蠕变阶段出现得早；并指出由于蠕变的作用，岩石试件的瞬时弹性模量随应力水平增高而增高，最大值为常规试验所测弹性模量的 1.8 倍，瞬时泊松比为常规试验所测泊松比的 2.35 倍。通过对龙口矿区含油泥岩进行三轴蠕变压缩试验表明含油泥岩存在起始蠕变应力阈值，且随围压的加大而线性增加，蠕变破坏应力也随围压增大而增大。

陈沅江等[77]指出软岩的瞬时塑性变形在一定应力水平下才表现出来，其机理是由于岩石中的微裂隙被压密闭合；提出了蠕变体和裂隙塑性体，与开尔文体和虎克体相结合形成了一种新的复合流变力学模型，并采用分级增量循环加卸载试验证明该模型可以较好地模拟在不同应力水平下的软岩流变特性。

刘波等[78]基于锚拉支架综合抗力的理论设计方法，提出了锚拉支架支护断裂顶板设计原则及拉杆最小预紧力、最大预紧力和合理锚固力的原则，给出了拉杆预紧力的下限和上限以及锚杆合理锚固力的计算方法。根据孙村煤矿 −1 100 m水平（埋深 1 310 m）巷道实际工程地质条件对锚拉支架进行了设计优化，拉杆预紧力下限值为 11.17 kN，上限值为 62.33 kN，锚杆锚固力下限值为 44.78 kN，上限值为 124.66 kN，锚杆长度应大于 1.987 m。

周宏伟等[79]指出软岩巷道变形量大，混凝土的弹脆性质导致巷道锚喷支护后混凝土喷层出现断裂、剥落甚至坍塌，针对该情况提出了新的锚喷作业顺序：掘进后应快速封闭围岩，进行初喷，掘进、喷浆、安装锚杆和挂网 3 种工序在一个小班内循环，并在混凝土中加入适量钢纤维以提高混凝土喷层的抗拉强度和变形能力，可较好地适应软岩巷道大变形的需要。

樊克恭等[80-84]提出了巷道围岩弱结构和弱结构体的概念，并将巷道围岩分为岩性弱结构、几何弱结构和应力弱结构 3 类，分析了弱结构体破坏对 3 类弱结构与巷道稳定性的关系，并提出了“控制部位”和“非均称控制”的概念。指出岩性弱结构巷道的“控制部位”通常位于弱结构体靠近巷道角部，对于巷帮是弱结构体的单一或复合岩性弱结构巷道,应重点对巷帮弱结构体的有效加固,防止因巷帮破坏所造成的顶底板变形破坏加剧以及由此而带来的支护困难。

李术才等[27,85-94]在岩石流变及高应力和软岩巷道及硐室围岩支护方面做了大量的研究工作。对大岗山水电站坝基辉绿岩进行了三轴流变试验,对花岗岩进行了循环载荷下疲劳的力学性质,并提出了花岗岩疲劳力学模型;研制了支护强度较高、刚度较大、预紧力损失小、定量让压、支护力传递效果好、护表面积大高强让压锚索箱梁(PRABB)支护系统,并设计了让压型锚索箱梁支护系统、工字钢锚索梁支护系统、T 型钢带锚索梁支护系统和 U 型钢带锚索梁支护系统,每种支护系统可根据不同条件演变出其他类型的支护系统,提出了13 个指标表示该系统的整体性能利用率、构件耦合效率和围岩控制效果,并通过工程实践证明锚索箱梁支护系统比使用普通钢梁受力结构更合理。

张向东等[95]通过对泥岩进行三轴蠕变试验表明泥岩的三轴蠕变曲线是非线性的,蠕变变形量为瞬时蠕变变形量的 3 倍以上,并指出控制围岩蠕变变形的关键是改变围岩的应力状态。

王祥秋等[96-97]基于软弱围岩提出了围岩蠕变损伤具有变形损伤与时间损伤耦合效应的观点。通过研究软弱围岩的蠕变损伤机理,指出岩体内部新裂纹的产生和扩展使得岩石产生蠕变损伤,包括时间损伤与变形损伤相互作用的结果,当应力水平低于屈服极限时,时间损伤为主要作用,依据蠕变损伤机理,通过位移反分析方法得出了如何确定软岩巷道合理支护时间的方法。

黄兴等[16]以淮南矿业集团朱集矿－885 m 东翼轨道大巷为工程背景,通过研究指出深井高地应力软岩巷道开挖后围岩表现出强烈非线性大变形特点,变形速率大,直墙半圆拱形巷道其肩窝和底角处剪应力集中,应重视底板支护和底角抗剪支护。

孟庆彬等[19,23]研究了矩形、梯形、直墙拱形、马蹄形、椭圆形和圆形共 6 种不同断面形状巷道稳定性与侧压力系数的关系,通过研究指出无效加固区的围岩松动变形是引起巷道变形差异的根本原因,巷道断面形状不同,其无效加固区范围不同。矩形巷道塑性区范围最大,而圆形和椭圆形巷道围岩稳定性最好,可使巷道围岩应力状态改善,围岩变形量降低,围岩塑性区损伤破坏范围减少。

贾明魁[98]分析了各类巷道顶板事故的主要因素,把巷道冒顶分为 4 类:岩层组合劣化型、岩层结构缺陷型、应力突变型和施工不良型,并指出岩层组合劣化在工程中较隐蔽,无法发现并有效支护,因此事故率最高;指出煤巷顶板破坏有两种形式:剪应力的作用使得层状顶板整体垮落,剪应力和拉应力共同作用使得层状顶板形成冒落拱。

李刚[99]研究了水和软岩的作用机理指出,水岩相互作用降低了软弱围岩强度和蠕变强度，增加了蠕变变形量，使得自身承载能力降低，如果没有针对性支护措施，则巷道围岩蠕变变形持续不停。有水作用的软岩巷道围岩控制的核心是先控制水，可通过及时喷浆防止水与围岩接触，然后通过围岩内注浆使得围岩整体性和自身承载能力提高，还需进行针对性的二次支护，以控制巷道围岩的蠕变变形。

黄万朋[100]通过对华丰煤矿－1 100 m水平中央变电所巷道围岩粉砂岩进行流变及其扰动效应试验，得到了试件的长期强度区间为常规单轴压缩强度的86%，为70.5 MPa；岩石“强度极限邻域”的左边界阈值应力与长期强度相当，岩石试件的应变阈值为极限应变的79%～85%。并指出深部巷道围岩保持长期稳定的条件为：不存在扰动影响情况下，保证巷道围岩应力小于围岩长期强度；存在扰动影响情况下，围岩应力应处于岩石的“强度极限邻域”范围之外。

另外，何峰等[101]、邵祥泽等[102]、张玉军等[103]、徐长洲等[104]、蒋昱州等[105]、丁秀丽等[106]、王永岩等[107]、万志军等[108]也做了大量研究工作，取得了大量有益的研究成果。总之，在关于软岩巷道围岩变形机理、支护理论和支护技术方面，国内外众多学者进行了广泛而深入的研究，从软岩的物理力学性质到变形破坏机理，从巷道失稳机理到控制理论，从实验室试验到数值模拟和工程实践，以及从单一的学科到交叉学科等。但是目前的研究理论大多是基于软岩条件下岩石从弹性状态到塑性状态的过程和机理，或者是基于岩块单元来研究，而没有充分重视在软岩条件下巷道一定范围内的围岩必然处于塑性状态，在此条件下锚杆无法有效增强围岩自身承载能力，巷道围岩自身承载能力有限。只有重视这一点才能针对这种塑性状态下的巷道围岩的破坏机理和如何维持巷道围岩稳定进行进一步的研究和采取合理措施控制围压变形破坏的发展。

1.3 钢管混凝土支架研究综述

钢管混凝土 STCC(steel tube confined concrete)是将混凝土填入薄壁圆形钢管内而形成的组合结构材料，具有强度高、质量小、塑性好、耐疲劳、耐冲击、抗弯刚度大、无异向性、施工方便、施工配套设备齐全、施工速度快、经济性好等突出优点，目前已广泛应用于地面上的桥梁、高楼及各种地下工程中。钢管混凝土的基本原理主要有两点：钢管混凝土受到轴向压力时，借助外部圆形钢管对核心混凝土的套箍约束作用，使核心混凝土处于三向受力状态，使核心混凝土具有更高的抗压强度和压缩变形能力；借助内填混凝土的抗压缩性，对外部钢管壁起到支撑作用，增强了钢管壁的几何稳定性，从而改变空钢管的失稳模态，提高钢管混凝土整体的承载能力[29-31,109-111]。

1879 年完工的 Severn 铁路桥的桥墩是世界上最早使用钢管混凝土柱的工程之一，目的是填充混凝土以防止锈蚀。后来出现了在钢管中填充混凝土用作受压构件的钢管混凝土结构，性能比外包混凝土结构优越得多，但是设计过程中没有考虑钢管与核心混凝土间的相互作用对承载力提高的影响[112-117]。20 世纪 60 年代以后国外学者开始对钢管混凝土力学性能进行较为深入的研究[118-120]。我国对钢管混凝土结构的研究起步较晚，且主要研究圆钢管混凝土结构。中国科学院哈尔滨土建研究所、北京地铁工程局、冶金建筑研究总院、苏州水泥制品研究所、哈尔滨建筑大学、中国建筑科学研究院、电力工业部电力建筑研究所等单位都先后开展了圆钢管混凝土基本性能及应用试验研究工作。比较有代表性的有：清华大学的韩林海、哈尔滨工业大学的钟善桐、查晓雄和中国建筑科学研究院的蔡绍怀等，通过对钢管混凝土结构进行大量研究，使得圆钢管混凝土结构理论日趋完善和深入，钢管混凝土构建形式越来越丰富，应用范围也越来越广泛[29-31,109,121]。

蔡绍怀[29]通过理论计算和实验室试验指出：钢管混凝土抗压能力强，在受弯时无突出优点，因此钢管混凝土适宜于作为受压构件，并给出了估算钢管混凝土的极限弯矩表达式为：$M_u = \alpha N_0 r_c$（N_0——钢管混凝土短柱承载力；r_c——核心混凝土截面半径；α——试验确定的系数，一般取 0.4）。

查晓雄[121]通过研究指出：钢材的泊松比在弹性阶段是常数，约为 0.283，进入塑性状态后增大到 0.5，而混凝土的泊松比为变数，低应力时约为 0.17，随着应力增大而增大。钢管混凝土受压时，初期混凝土的横向变形量小于钢材，随着压力升高，混凝土的横向变形量逐渐接近并超过钢材，钢管开始对混凝土产生约束作用，混凝土三向受压，有效提高了混凝土强度、塑性和延性，同时，钢管中混凝土大幅提高了钢管稳定性。

在煤矿开采工程中，根据巷道断面形状，将钢管设计加工成与巷道断面相对应的形状，在井下巷道中拼装成支架，然后通过混凝土输送泵向钢管支架内泵送高强微膨胀混凝土，使其形成具备高承载能力的钢管混凝土支架 STCCS(steel tube confined concrete supports)。目前，关于钢管混凝土做成拱形支架用于地下工程和煤矿巷道支护的研究较少，之前只有安徽理工大学的臧德胜教授做过相关的试验和理论研究。

臧德胜教授[122-124]带领的科研团队在 2001 年为了验证钢管混凝土支架的力学性能，在实验室内进行了钢管混凝土支架承载力试验。试验结果表明拱形支架构件的极限载荷 340 kN，直墙半圆拱形整架支架的极限载荷为 800 kN，并在平煤集团四矿进行了工业性试验以检验其应用效果。虽然钢管混凝土弧段具有较高的承载力，但是由于弧段之间配以可缩性接头，降低了支架的承载能力。

同时,在地面向钢管内灌注混凝土工作造成支架重量过大,运输和安装困难,限制了较大型号钢管的使用,难以发挥钢管混凝土支架的最大性能,因此没有大范围地推广应用,针对深井软岩巷道支架-围岩作用关系也未作深入分析,研究成果相对较单一。

中国矿业大学(北京)的高延法教授带领的科研团队将钢管混凝土做成对应煤矿巷道断面形状的支架,并应用到煤矿巷道支护中取得了很大成功,并已取得国家发明专利证书(专利号:ZL200610113801.4),目前已经应用在煤矿的深井、软岩、动压、应力集中区等应力复杂难支护巷道中[125-128]。针对钢管混凝土支架的承载能力与U36型钢支架的承载能力,分别在山东科技大学和清华大学结构实验室进行了3次试验,如图1-2所示,试验结果见表1-1。在钢管混凝土支架与U36型钢支架用钢量大致相同的条件下(均为36 kg/m),钢管混凝土支架的承载能力是U型钢支架的2.37倍[32]。

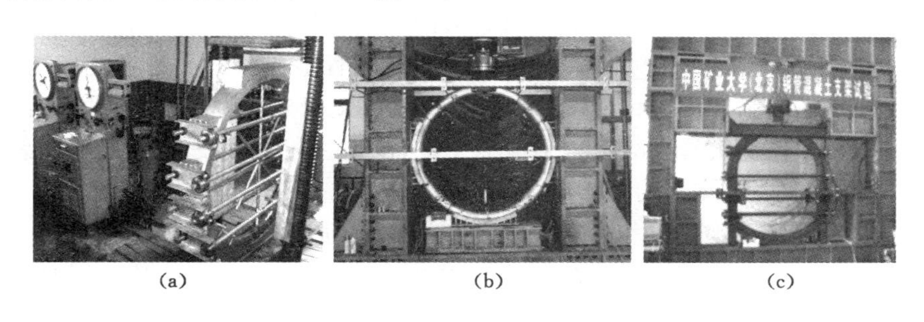

(a) (b) (c)

图1-2 钢管混凝土支架实验室试验图

(a) 在山东科技大学试验(2006年);(b) 在清华大学试验(2008年);
(c) 在清华大学试验(2009年)

表1-1 钢管混凝土支架力学性能试验

试验地点	支架形状及尺寸	钢管型号/mm	混凝土等级	试验结束状态	结束荷载/kN
山东科技大学	圆形,直径1.6 m	ϕ127×8	C40	支架扭曲变形,支架严重破坏	2 400
清华大学结构试验室	圆形,直径1.8 m	ϕ140×4.5	C40	接头套管崩裂,支架下沉变形	1 500
清华大学结构试验室	直墙半圆拱+反底拱形,高3.0 m,宽2.3 m	ϕ194×8	C60	接头套管屈服,支架微小变形	2 100

在高延法教授的指导下，其科研团队在钢管混凝土支架的性能、结构、设计计算方法、应用情况等方面也做了大量的研究工作。

王波[28]总结分析了已有的钢管混凝土短柱承载力计算理论，采用弹性力学分析的方法，推导出了基于弹性变形理论的钢管混凝土短柱极限承载力计算公式。通过圆形钢管混凝土支架试验测试了钢管混凝土支架的极限载荷、极限变形量和失稳破坏方式。

李学彬等[129-130]根据钢管混凝土支架灌注孔补强措施，结合 ABAQUS 数值软件设计钢管混凝土灌注孔短柱模型，对弹性变形条件下补强措施进行分析并优化，使钢管短柱的应力集中程度明显降低；并采用极限平衡理论和短柱抗压强度试验分析钢管混凝土短柱的承载能力，通过整体支架承压试验和数值模拟对钢管混凝土支架的力学特性以及巷道支护中支架与巷道围岩的关系进行分析。

黄万朋[100]分析了非对称大变形巷道的变形破坏特征，运用 $FLAC^{3D}$ 数值模拟软件分析了华丰矿－1 100 m 中央变电所的工程地质条件和巷道变形破坏规律，设计了控制围岩非对称变形的以钢管混凝土支架支护为主的支护方案：初次锚网喷支护，二次钢管混凝土支架加强支护，围岩注浆加强支护的支护方案，并叙述了钢管混凝土支架的施工工艺。

李冰[131]以开滦钱家营矿八采区轨道下山为研究背景，进行了数值模拟试验与理论分析，分析了钢管混凝土支架结构强度与稳定性。马鹏鹏[132]对不同壁厚的钢管混凝土短柱进行了单轴压缩试验，得到了钢管壁厚对钢管混凝土短柱承载力的影响结果。王军[133]以华丰煤矿深井巷道为工程背景，通过 ABAQUS 软件，对－1 100 m 水平大巷两种断面钢管混凝土支架支护方案进行了数值模拟，分析两种断面支架的优缺点，并提出支架断面优化建议。路侃[134]以鹤岗益新煤矿三水平南一石门钢管混凝土支架支护工程为研究背景，通过 $FLAC^{3D}$ 数值模拟软件，分析对比直墙半圆拱钢管混凝土支架和直墙半圆拱加反底拱钢管混凝土支架的支护效果。张长福[135]以鹤岗益新煤矿为工程背景，对钢管混凝土支架支护的成本构成和在动压软岩巷道支护中的经济效益进行了分析，通过分析表明钢管混凝土支架支护的经济效益大于 U 型钢支护。此外，黄莎[136]对钢管混凝土支架内填充混凝土的配比及影响因素进行了研究；鹿士忠、王思等[137-138]对峰峰集团大淑村矿新东翼皮带巷应力集中范围进行了钢管混凝土支架支护技术研究；王亮[139]、王超[140]、张少锋[141]、陈明程[142]分别对山东淄博鲁村煤矿－270 m 水平井底车场、内蒙古查干淖尔矿主斜井泥岩段、鹤煤集团鹤壁三矿三水平变电所泵房硐室和皮带巷、中煤平朔井工三辅运大巷进行了钢管混凝土支架支护设计和支护效果分析。

目前高延法教授带领的科研团队已经成功将钢管混凝土支架运用到了在黑龙江、吉林、辽宁、山东、山西、河南、河北、安徽、江苏、甘肃、宁夏、内蒙古等我国主要产煤地区的20多个矿井，主要涉及深井、软岩、动压、应力集中区等难支护巷道中，取得了较好的支护效果。根据钢管混凝土支架支护技术研究进展的要求，以及针对现场支护工程实践过程中少量钢管混凝土支架产生破坏的现象，有必要对钢管混凝土支架相关技术做进一步的研究。本书主要对圆弧形钢管混凝土的抗弯能力进行了三点弯曲试验，并对目前现场常用的支架架型进行了承载能力试验研究。

1.4 主要研究内容及研究方法

本书主要通过理论分析、实验室测试、数值模拟分析以及现场试验的方法研究以下内容：

(1) 钢管混凝土支架失稳模式与钢管混凝土短柱强度

分析钢管混凝土支架的结构特点和在软岩巷道钢管混凝土支架支护时支架各部位的受力状态和失稳方式。通过理论计算和实验室测试对钢管混凝土短柱强度进行研究，并对钢管混凝土支架、U型钢支架和工字钢支架的抗扭转屈曲能力进行对比分析。

(2) 钢管混凝土支架圆弧拱抗弯能力及其强化技术

通过理论分析推导出钢管混凝土支架圆弧拱抗弯能力计算公式，并提出钢管混凝土圆弧拱抗弯强化的措施，并对抗弯强化圆弧拱的抗弯能力进行计算；通过实验室测试对比钢管混凝土、强化钢管混凝土、空钢管、U型钢、工字钢圆弧拱的抗弯能力，并根据研究结果提出钢管混凝土支架结构设计要点和建议。

(3) 钢管混凝土支架承载性能试验研究

通过理论推导钢管混凝土支架承载能力和支护反力计算方法，并采用实验室测试的方法测试 ϕ194×8 型和 ϕ168×6 型浅底拱圆形钢管混凝土支架的承载力、应力特征和变形破坏特征。

(4) 不同围岩条件下的巷道承压环强化支护理论

根据岩石力学理论分析软岩巷道开挖后巷道围岩的应力状态和弹塑性区的分布情况，在高延法教授和李学彬博士对承压环强化支护理论研究基础上，依据围岩强度将围岩分为3类：中硬围岩、软弱围岩和极软弱围岩，分别建立3类围岩的承压环强化力学模型，对承压环强化的范围和方式及力学边界条件进行研究，通过数值模拟分析方法分析不同围岩条件下承压环强化作用机理及围岩控制效果。

(5) 软岩巷道钢管混凝土支架支护方案设计与施工工艺

针对龙口海域扩采二采区回风上山实际工程地质条件，根据承压环强化支护理论提出承压环强化方法，研究极软弱围岩巷道支护设计方案和施工工艺方案，并对巷道围岩控制效果进行现场实测。

2 钢管混凝土支架结构与钢管混凝土短柱强度分析

钢管混凝土支架各部位受到的作用力主要是轴向压力和巷道径向不均衡压力对钢管混凝土支架产生的弯矩的作用。钢管混凝土支架的失稳破坏形式主要是整体结构失稳、受压变形破坏和弯矩作用造成的弯曲变形破坏。本章主要对钢管混凝土支架的结构稳定性、短柱强度进行分析。

2.1 钢管混凝土支架概述

中国矿业大学(北京)高延法教授带领的科研团队利用钢管混凝土具有高承载力的性能,将空钢管在地面弯制成与煤矿巷道断面相对应的断面形状,运输到井下后安装到巷道空间内,然后使用混凝土输送泵往空钢管内灌注高强混凝土,从而形成具有高承载能力的钢管混凝土支架 STCCS。其应用在深井、软岩、动压及应力集中区等高应力和复杂应力环境的巷道支护中,可以对巷道围岩提供高支护反力从而使巷道围岩稳定。

钢管混凝土支架由于受到巷道围岩的作用力,使得支架各部位受到的作用力主要是轴向压力和巷道径向不均衡压力对钢管混凝土支架弧段产生的弯矩。钢管混凝土支架的失稳破坏形态主要是整体结构失稳、受压变形破坏和弯矩作用造成的弯曲变形破坏。因此,研究和提高钢管混凝土支架整体强度需从这三个方面分别进行分析。

当钢管混凝土支架结构科学合理,支架整体不会产生结构性失稳时,才能充分发挥钢管混凝土的性能优势,使支架整体承载能力最大。此时,支架承载力由钢管混凝土的抗压能力和抗弯能力决定。

2.2 钢管混凝土支架结构分析

2.2.1 支架断面形状

在巷道支护中应用钢管混凝土支架支护技术时，应具体分析巷道围岩的工程地质条件，包括：① 远场地压：巷道埋深，水平地应力，采掘扰动压力；② 岩石强度：岩石单轴抗压强度，围岩结构完整性；③ 岩石水理性质：黏土矿物含量，吸水软化性，吸水膨胀性，原始含水率；④ 巷道变形特征：巷道两帮和顶底板变形大小，变形速率，巷道破坏形态；⑤ 围岩荷载：巷道稳定状态下，围岩作用在支护体上的荷载。据此分析巷道围岩-支架作用力关系，确定巷道和支架合理的断面形状和支护参数，以最大程度发挥钢管混凝土支架的承载性能，维持巷道围岩稳定。

当巷道附近围岩垂向应力和水平应力大小相当，且巷道顶底板和两帮变形较一致时，应尽可能采用圆形巷道断面和圆形断面支架。圆形巷道围岩的自身稳定性最好，圆形支架受力较均匀，承载力最大，如图 2-1(a)所示。

如果考虑到圆形断面巷道的开挖面积大，断面实际利用率低，可采用浅底拱圆形巷道，对应使用浅底拱圆形支架，如图 2-1(b)所示。该断面形状条件下巷道和支架有以下优点：巷道顶板和两帮为同一圆弧，巷道围岩自身稳定性好，支架受力均匀，承载力高；相比圆形巷道和圆形断面支架，岩石开挖量小，底板回填工程量小，巷道断面利用率高。

如果巷道顶板下沉量相对较大，而两帮变形量相对较小，底鼓不明显，可用三心拱巷道和对应断面形状的钢管混凝土支架，如图 2-1(c)所示。

如果巷道围岩中垂向应力和水平应力相差较大，且巷道顶底板变形量和两帮移近量差别较大，可采用适应地应力场方向的椭圆形巷道断面和对应断面形状的支架，其能够针对性地对围岩提供支护反力，如图 2-1(d)所示。假设椭圆形钢管混凝土支架长轴为 a，短轴为 b，长短轴比例应与地应力的水平应力和垂向应力比值相适应，即：$\frac{a}{b}=\frac{\sigma_{水平}}{\sigma_{垂直}}$。

2.2.2 支架间采用多顶杆结构

在巷道中采用钢管混凝土支架支护时，支架外侧有围岩对支架的作用力，且支架各段为圆弧形，因此，支架相对较难在巷道径向产生结构性失稳，应控制支架在巷道轴线方向产生结构失稳。如图 2-2 所示，支架间通过多

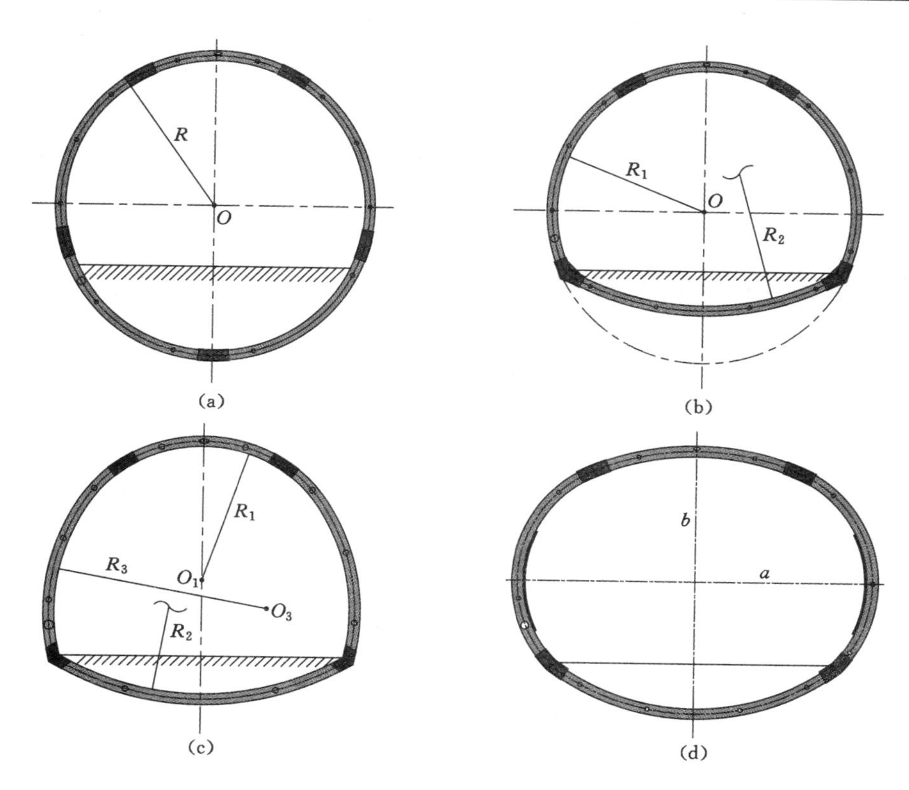

图 2-1　钢管混凝土支架断面形状

(a) 圆形支架;(b) 浅底拱圆形支架;(c) 三心拱支架;(d) 椭圆形支架

图 2-2　支架间采用多顶杆连接

顶杆连接，顶杆材质为 $\phi 76\times 6$ 型或更大型号钢管混凝土柱，抗压能力强，给支架在巷道轴线方向提供足够支撑力，使支架稳定。支架上相邻两顶杆的间距小于支架主体钢管直径的10倍，因此，相邻两顶杆之间钢管混凝土主体段的长径比小于10，能有效避免支架各段产生压杆失稳，支架在巷道轴线方向不会产生结构性失稳。

2.3 钢管混凝土短柱强度分析

钢管混凝土的抗压性能是钢管混凝土支架承载强度的基础，钢管混凝土的抗压性能主要由钢管混凝土短柱的单轴抗压强度指标来测定。短柱指试件轴向长度与截面直径之比小于4。

钢管混凝土短柱受压初期，混凝土的横向变形系数小于钢管的横向变形系数，因此钢管对核心混凝土的束缚作用力较小，此时对试件施加的荷载由钢管和核心混凝土共同承担。随着荷载压力增大，混凝土内部裂纹逐渐发展扩大，横向变形量迅速增大，混凝土横向膨胀系数超过钢管，此时，钢管对核心混凝土产生较大的束缚作用，使核心混凝土处于三向受压状态。荷载继续增大时，核心混凝土的膨胀力对钢管产生的环向拉力逐渐增大，随着钢管环向拉应力的不断增大，其纵向压应力相应不断减小，钢管和混凝土之间纵向压力重新分布：一方面，钢管所承担的纵向压力不断减小；另一方面，核心混凝土因受到钢管较大的环向约束而具有更高的抗压强度，钢管从主要承受纵向压应力转变为主要承受环向拉应力。最后，当钢管和核心混凝土所承担的纵向压力之和达到最大值时，钢管混凝土即达到极限状态。继续加压后，试件会发生皱曲，钢管也进入塑性强化阶段[29]。钢管达到屈服并不意味着钢管混凝土承载能力降低，钢管屈服后，钢管和核心混凝土内力重新分布，核心混凝土的套箍强化作用继续加强，从而使得钢管混凝土承载能力继续提高，直至钢管产生破坏，使得核心混凝土的套箍作用力减小或消失而使得钢管混凝土整体承载能力降低。

采用极限平衡理论对钢管混凝土短柱极限承载能力进行求解，基本假设如下：

(1) 钢管混凝土短柱在轴心受压的情况下应变场是轴向对称的，可将短柱视为由钢管和核心混凝土组成的结构体。

(2) 钢管服从 Von Mises 屈服条件：

$$\sigma_1^2+\sigma_1\sigma_2+\sigma_2^2=f_s^2 \tag{2-1}$$

式中 σ_1——纵向压力，MPa；

σ_2——环向拉力，MPa；

f_s——钢管管材的屈服强度，MPa。

核心混凝土屈服条件为：

$$f_c'=f_c\left(1+1.5\sqrt{\frac{p}{f_c}}+2\frac{p}{f_c}\right) \tag{2-2}$$

式中 f_c'——侧压 p 作用下三向受压核心混凝土的极限强度，MPa；

f_c——核心混凝土的单轴抗压强度，MPa；

p——侧压，MPa。

(3) 钢管的应力状态为纵向受压、环向受拉，应力沿管壁是均匀分布的，钢管在极限状态下因其所受的径向应力 σ_3 相对于拉应力较小，忽略不计。

由静力平衡条件可得：

$$N=A_c\sigma_c+A_s\sigma_1 \tag{2-3}$$

$$\sigma_2 t=\frac{d_c}{2}p \tag{2-4}$$

式中 N——钢管混凝土短柱极限强度，MPa；

σ_c——核心混凝土屈服强度，MPa；

t——钢管壁厚，m；

d_c——钢管的内径，m；

A_c——核心混凝土横截面的净面积，m^2；

A_s——钢管的横截面积，m^2。

核心混凝土屈服条件的线性方程为：

$$\sigma_c=f_c\left(1+K\frac{p}{f_c}\right) \tag{2-5}$$

式中 K——侧压系数，一般取 3～5。

核心混凝土屈服条件的非线性方程为：

$$\sigma_c=f_c\left(1+1.5\sqrt{\frac{p}{f_c}}+2\frac{p}{f_c}\right) \tag{2-6}$$

取极值条件为：

$$\frac{dN}{dp}=0 \tag{2-7}$$

联立式(2-1)～式(2-7)可得：

$$N_0=A_c f_c\left[1+\theta\sqrt{\frac{3+(K-1)^2}{3}}\right] \tag{2-8}$$

式中　N_0——钢管混凝土短柱的极限承载力,kN;

θ——套箍指标,表示钢管对核心混凝土套箍约束程度。

$$\theta=\frac{A_s f_s}{A_c f_c} \tag{2-9}$$

取 $K=4$ 时,有:

$$N_0=A_c f_c(1+2\theta) \tag{2-10}$$

当核心混凝土屈服条件为非线性方程时,解得钢管混凝土短柱的极限承载力为:

$$N_0=A_c f_c(1+1.1\sqrt{\theta}+\theta)=A_c f_c(1+\alpha\theta) \tag{2-11}$$

式中　$\alpha=1.1+\frac{1}{\sqrt{\theta}}$。

当套箍指标 $\theta\leqslant1.235$ 时,钢管混凝土短柱的极限承载力按式(2-10)计算。当套箍指标 $\theta>1.235$ 时,钢管混凝土短柱的极限承载力按式(2-11)计算。即:

$$\begin{cases}\theta\leqslant1.235\text{ 时},N_0=A_c f_c(1+2\theta)\\ \theta>1.235\text{ 时},N_0=A_c f_c(1+1.1\sqrt{\theta}+\theta)=A_c f_c(1+\alpha\theta)\end{cases}$$

例如:$\phi194\times8$ 钢管混凝土短柱,钢管型号:$\phi194\times8$;钢管材质:20# 低碳钢,屈服强度 245 MPa;核心混凝土:C40 等级,抗压强度取 38 MPa。

则:钢管的横截面积 $A_s=\pi(97^2-89^2)=4\ 672(\text{mm}^2)=4.672\times10^{-3}(\text{m}^2)$,核心混凝土横截面的净面积 $A_c=\pi\times89^2=24\ 872(\text{mm}^2)=2.487\ 2\times10^{-2}(\text{m}^2)$,$\theta=\frac{A_s f_s}{A_c f_c}=1.21$。代入式(2-10)得:$N_0=A_c f_c(1+2\theta)=2.487\ 2\times10^{-2}\times38\times(1+2\times1.21)=3\ 232(\text{kN})$。

虽然关于钢管混凝土短柱强度的试验研究和研究成果很多,但针对井下巷道支护用钢管混凝土支架的短柱强度的试验研究较少,因此有必要对钢管混凝土支架中常用型号的钢管混凝土短柱强度进行试验研究。

2.4　钢管混凝土短柱强度试验研究

2.4.1　试验方案

试验目的是测试不同型号钢管混凝土短柱的单轴抗压强度,包括不同钢管直径和不同钢管壁厚的钢管混凝土短柱。试件分为两组,第一组是测试不同钢管直径的钢管混凝土短柱强度,试件钢管型号包括:$\phi159\times8$、$\phi168\times8$、$\phi180\times8$、$\phi194\times8$。第二组是测试不同壁厚钢管的钢管混凝土短柱强度,试件型号包括:$\phi194\times6$、$\phi194\times8$、$\phi194\times10$ 和 $\phi194\times12$。试件轴向长度均为 500 mm,核心混凝土的强度等级均为 C40,混凝土配比见表 2-1。加工的钢管混凝土短柱试件如图 2-3 所示,试件灌注混凝土后需养护 30 d。

表 2-1　　C40 等级混凝土材料配比　　kg/m^3

材料	水泥	砂子	石子	水	泵送剂	膨胀剂
材料用量	24.7	40	61	13.1	0.43	1.24

图 2-3　钢管混凝土短柱试件

2.4.2　试验结果分析

试件养护 30 d 后进行试验,试验地点为山东理工大学土木工程学院结构实验室。将试件放置到 500 t 压力机上进行试验,试验过程中观测试件的破坏状态,并记录所施加的荷载和试件轴向变形量。试验过程中 $\phi194\times8$ 钢管混凝土短柱试件依次产生如图 2-4 所示的变形破坏,其他试件的破坏形态与 $\phi194\times8$ 型试件相类似,均产生明显的“鼓肚子”现象。8 个试件最终破坏形态如图 2-5 所示,不同管径和不同壁厚钢管混凝土短柱荷载-变形量曲线分别如图 2-6 和图 2-7所示,各试件试验结果汇总见表 2-2。

图 2-4　$\phi 194\times 8$ 钢管混凝土短柱试件破坏形态发展过程

图 2-5　钢管混凝土短柱最终破坏形态

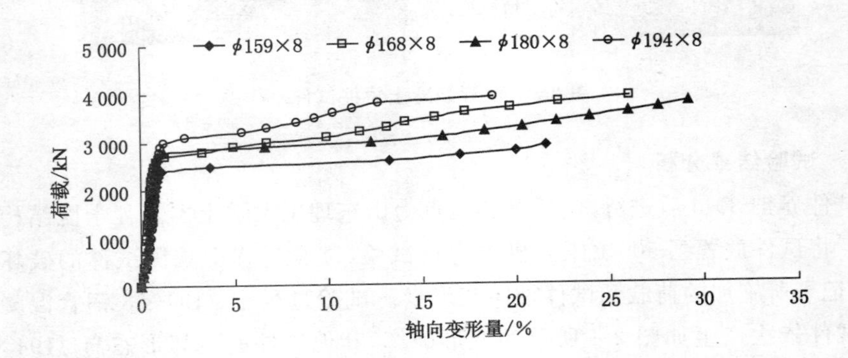

图 2-6　不同管径钢管混凝土短柱荷载-变形曲线

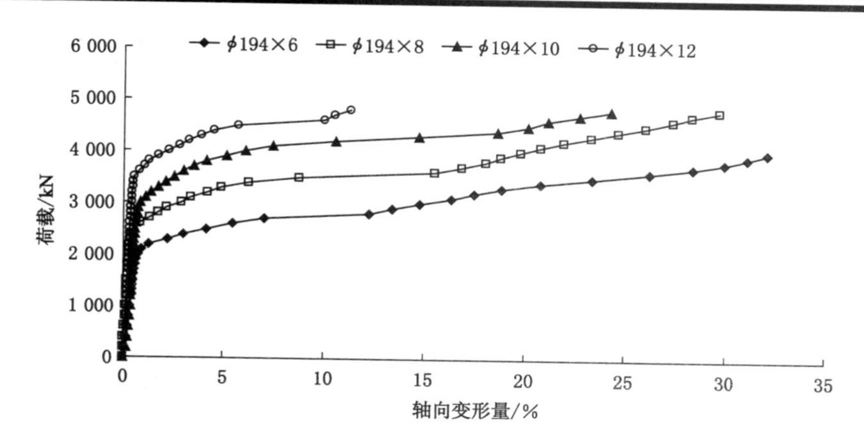

图 2-7 不同壁厚钢管混凝土短柱荷载-变形曲线

表 2-2 **钢管混凝土短柱力学性能参数**

钢管型号 /mm		弹性模量 /GPa	弹性极限强度/kN	弹性极限应变/%	塑性极限强度/kN	塑性极限应变/%
不同管径	ϕ159×8	2.95	1 900	0.756	2 500	3.7
	ϕ168×8	3.23	2 200	0.586	2 800	3.34
	ϕ180×8	3.57	2 300	0.704	2 900	6.64
	ϕ194×8	3.70	2 600	0.904	3 200	5.40
不同壁厚	ϕ194×6	1.93	2 100	0.866	2 700	7.00
	ϕ194×8	3.85	2 600	0.825	3 500	8.74
	ϕ194×10	4.20	3 000	0.839	4 100	7.45
	ϕ194×12	6.40	3 500	0.531	4 500	5.70

由试验结果可以看出：① 钢管混凝土短柱承载能力强；② 钢管混凝土可以实现塑性大变形，轴向变形量最大可达 30%以上；③ 钢管混凝土达到塑性状态后承载能力继续增大，属于塑性硬化。

2.5 钢支架抗扭转屈曲能力分析

在井下巷道支架支护工程中，钢支架主要有工字钢支架、U 型钢支架和钢管混凝土支架。由于巷道围岩应力环境复杂，支架结构受力并非同向且均匀，使得支架结构往往在远未达到极限承载力的情况下发生扭转屈曲变形而使得支架承载能力大大降低，进而使得支架结构迅速失稳破坏。结构的稳定性是决定结构实际承载能力的最重要因素，这也是井下U型钢支架和工字钢支架容易产生扭转屈曲失稳而未发挥其最大承载性能的原因。U型钢支架发生扭转屈曲破坏现场如图2-8所示。

图 2-8　华丰煤矿井下U型钢支架发生扭转屈曲破坏

结构抗扭转屈曲能力与结构体的刚度 EI 成正比，且与结构体的约束状态有关。在同种约束状态下，采用相同材质，则结构的抗失稳能力与惯性矩 I 有关。将U型钢和工字钢用于支护巷道围岩，利用的是其 Y 方向的惯性矩较大，以对巷道围岩提供巷道径向支护力，但巷道围岩应力较复杂，围岩变形并非完全沿巷道径向，巷道围岩表面和支架的接触面并非完全垂直于巷道径向，因此使得支架受力也并非完全沿巷道径向。虽然工字钢和U型钢 Y 方向抗弯刚度大，但其他方向的抗弯刚度较小，即惯性矩相对较小，使得支架承受其他方向的承载能力较低。可以用 X、Y 方向的惯性矩之比来表示抗扭转屈曲的能力。即：

$$K=\frac{\max\{I_X,I_Y\}}{\min\{I_X,I_Y\}} \tag{2-12}$$

惯性矩比 K 越大，在复杂应力环境下结构沿着薄弱面发生扭转屈曲的可能性也就越大，结构越不稳定。对于圆形钢管混凝土，截面中心对称，因此惯性矩比 $K_{钢管}=1$。

对于U型钢而言，以U36型钢为例，U36型钢参数见表2-3。惯性矩比$K_U=1\ 244.75/928.65=1.341$。

表 2-3　　　　　　　　　　　　**U36 型钢参数表**

名称	截面面积/cm^2	理论质量/(kg/m)	截面参数						
			惯性矩/cm^4		惯性半径/cm		截面模数/cm^3		静矩/cm
			I_X	I_Y	i_X	i_Y	W_X	W_Y	S_X
U36 型钢	45.69	35.87	928.65	1 244.75	4.51	5.22	128.55 141.22	145.59	330.05

对于工字钢而言，以 22b 型工字钢为例，22b 型工字钢参数见表 2-4。惯性矩比 $K_{工}=3\ 570/239=14.937$。

表 2-4　　　　　　　　　　　　**22b 型工字参数表**

名称	规格	截面面积/cm^2	理论质量/(kg/m)	截面参数						
				惯性矩/cm^4		惯性半径/cm		截面模数/cm^3		静矩/cm
				I_X	I_Y	i_X	i_Y	W_X	W_Y	S_X
工字钢	22b	46.528	36.524	3 570	239	8.78	2.27	325	42.7	18.7

通过分析可以看出，工字钢的惯性矩比值最大，U 型钢次之，两种型钢结构的弱面明显，当支架受到非沿支架平面作用力时，U 型钢支架和工字钢支架易产生扭转屈曲变形而使得支架承载能力迅速降低，进而破坏失稳，无法有效控制围岩变形破坏，而钢管混凝土的 X 和 Y 方向的惯性矩相等，惯性矩比值为 1，不会产生扭转屈曲变形破坏。

综上所述，在软岩巷道支护设计时，根据具体工程地质条件选择合适的钢管混凝土支架的断面形状，支架之间采用多顶杆连接，可有效避免支架产生结构性失稳。钢管混凝土短柱抗压能力强，可产生塑性大变形且承载力不降低；钢管混凝土截面为圆形，不会产生扭转屈曲变形。因此钢管混凝土支架具有支架结构稳定、抗压能力强的特性，可对巷道围岩提供高支护反力。

2.6　小结

本章对钢管混凝土支架整体结构和各部位受力状态进行了分析，并对钢管混凝土短柱强度进行了理论计算和实验室测试，得到以下结论：

(1) 钢管混凝土支架各部位受到的作用力主要是轴向压力和弯矩的作用

力。支架的失稳破坏形态主要是整体结构失稳、受压变形破坏和弯矩作用造成支架弯曲变形破坏。

(2) 根据巷道围岩工程地质条件和巷道变形情况，钢管混凝土支架断面可以设计成圆形、浅底拱圆形、三心拱、椭圆形；支架之间采用多顶杆连接，相邻两顶杆之间钢管混凝土段的长径比小于 10，可有效避免支架产生结构性失稳。

(3) 钢管混凝土短柱单轴抗压试验结果表明钢管混凝土短柱承载能力大，可以实现塑性大变形，轴向变形量最大可达 30% 以上，塑性状态后承载能力继续增大，属于塑性硬化。

(4) 提出用不同方向的惯性矩之比来表示结构的抗扭转屈曲的能力：$K=\dfrac{\max\{I_X,I_Y\}}{\min\{I_X,I_Y\}}$。工字钢和 U 型钢的惯性矩比值较大，当支架受到非平行于支架平面作用力时，易产生扭转屈曲变形而使得支架承载能力迅速降低，进而破坏失稳，承载能力迅速降低。

3 钢管混凝土支架圆弧拱抗弯能力研究

钢管混凝土抗弯性能是影响钢管混凝土支架承载性能的最重要因素，特别是在巷道围岩非均匀对称变形和巷道跨度较大条件下时，支架各段的抗弯性能尤为重要，而目前关于钢管混凝土抗弯能力的研究相对较少，特别是针对矿用钢管混凝土支架抗弯性能的研究还是空白，因此有必要对钢管混凝土支架圆弧拱的抗弯性能进行研究。本章主要推导了钢管混凝土支架圆弧拱抗弯性能计算公式，提出了加强钢管混凝土支架圆弧拱抗弯能力的措施，并推导了理论计算公式；通过实验室测试对比分析了钢管混凝土、抗弯强化钢管混凝土、空钢管、工字钢圆弧拱和U型钢圆弧拱的抗弯能力，并给出了钢管混凝土支架结构设计的要点和建议。

3.1 钢管混凝土支架圆弧拱抗弯能力理论计算

3.1.1 钢管混凝土圆弧拱抗弯能力理论计算条件

之所以钢管混凝土支架具有较高的承载强度，主要是由于钢管混凝土材料本身强度高和支架结构科学合理。钢管混凝土支架各段采用圆弧形，每段圆弧拱结构通过两端约束的水平力抵消了荷载产生的部分弯矩，从而使拱形结构相比相同跨度的直梁具有更高的抗弯强度。在圆弧拱结构的拱轴线未发生较大变形的时候，圆弧拱结构能够将荷载转化为轴向应力，发挥钢管混凝土轴向耐压的特点，提高圆弧拱结构整体承载能力。

根据钢管混凝土支架圆弧拱应力和变形破坏状态，可以将圆弧拱的失稳破坏过程分为两阶段：当荷载较小时，钢管混凝土圆弧拱结构未发生大变形，由于弯矩的作用，截面中性轴以上部分受压，中性轴以下部分受拉，钢管未产生明显变形，处于小变形弹性状态。圆弧拱结构所受的集中荷载一部分通过混凝土拱的作用转化为拱内部的轴向压力。随着荷载继续增大，圆弧拱结构承受的弯矩作用增大，钢管变形增大，进入塑性状态，核心混凝土产生拉伸破坏和挤压破坏，进入大变形的塑性状态,混凝土拉伸产生的裂缝将由塑性状态的混凝土填充,应力较复杂。此时钢管混凝土支架圆弧拱中混凝土的主要作用是维持钢管混凝土截面的形状,防止截面变形而导致承载能力降低,继续增大弯矩将使得钢管塑性拉伸变形量继续增大。

钢管混凝土支架圆弧拱结构的抗弯性能主要用两端固定约束三点弯曲时承受的最大弯矩和施加的最大载荷作为指标。在钢管混凝土支架圆弧拱未发生较大变形时,用圆弧拱的最大弯矩和最大承载力的值来衡量钢管混凝土支架圆弧拱弹性小变形状态下的抗弯能力。钢管混凝土支架圆弧拱超出弹性变形范围时,圆弧拱结构应力复杂,本书仅对弹性小变形状态下的圆弧拱结构最大弯矩和最大承载力进行计算,不对进入塑性大变形状态后的承载力进行理论计算。

钢管混凝土支架圆弧拱结构几何参数及加载方式如图 3-1 所示,圆弧拱两端约束状态下受载荷 F 的作用,下部混凝土受拉,称为受拉区,上部混凝土受压,称为受压区,受拉区和受压区的界线称为中性轴。文献[31]指出,受压区混凝土受到外钢管的约束使其强度虽有所提高,但提高程度并不明显,因此在计算过程中忽略钢管对受压区混凝土的增强作用。

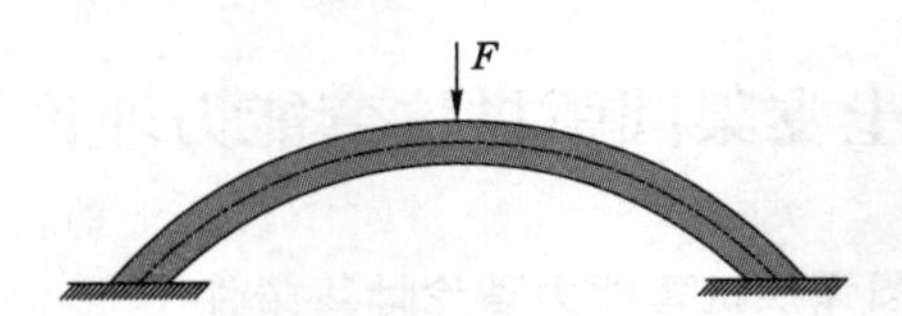

图 3-1　圆弧拱抗弯强度理论计算受力状态示意图

为便于分析计算,做如下假设:

(1) 选用常用的钢管混凝土支架型号 $\phi194\times8$,选取圆形断面支架整体中的 1/4 圆弧,直径为 2 m,跨度为 2.83 m,拱高度为 0.61 m,在拱中点处施加点荷载 F,拱的左右两端头固定,用施加于试件外侧中点处的点荷载 F 的值来衡量拱结构的抗弯能力(如图 3-1 所示)。圆弧拱具体参数如下:钢管型号为 $\phi194\times8$;钢管材质为 $20^{\#}$ 低碳钢,屈服强度为 245 MPa;核心混凝土为 C40 等级,轴心抗压强度取值 38 MPa;钢管混凝土支架圆弧拱截面如图 3-2 所示。

(2) 只分析圆弧拱产生塑性大变形前的弹性小变形状态。

(3) 在载荷 F 的施加工程中,结构的断面形式保持不变。

(4) 在计算过程中构件变形在同一平面内,不考虑结构产生屈曲变形。

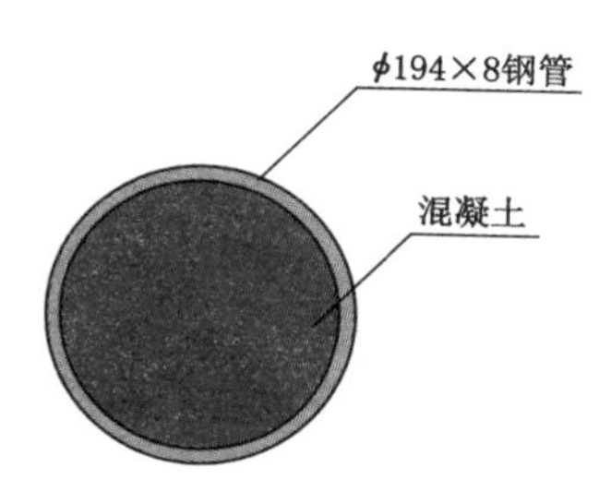

图 3-2 圆弧拱截面

(5) 圆弧拱结构两端固定约束。

(6) 钢管和混凝土之间黏结良好，无相对滑移。

(7) 在极限状态时受拉和受压部分都达到屈服[143]。

(8) 不考虑钢管对受压区混凝土的增强作用。

(9) 当钢管破坏的时候混凝土必然破坏，由于受拉区混凝土对抗弯的贡献较小，不考虑受拉区混凝土对钢管混凝土抗弯能力的影响[143]。

3.1.2 钢管混凝土圆弧拱极限抗弯能力计算

首先计算钢管混凝土圆弧的最大弯矩值，然后根据最大弯矩值反解圆弧拱结构所能承担的最大荷载。

(1) 钢管的极限弯矩

首先对钢管的受力情况进行分析，在极限状态下，根据假设，钢管截面受拉和受压部分都达到屈服，其受力情况如图 3-3 所示。

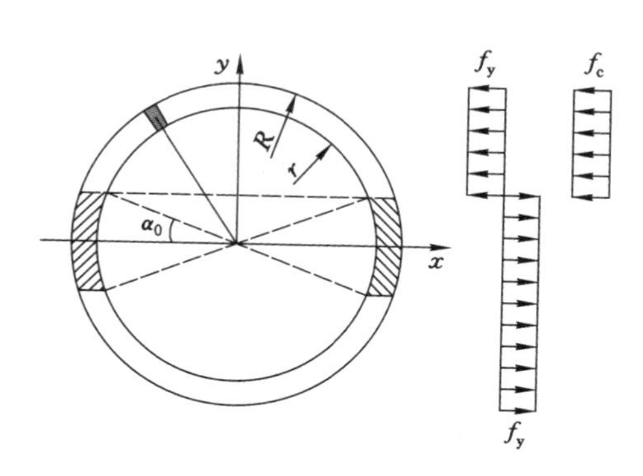

图 3-3 钢管截面受力分析图

取钢管的一单元(如图 3-3 所示)，微元面积为：

$$d\Delta=(R-r)\cdot ds=(R-r)\cdot\frac{R+r}{2}\cdot d\alpha \tag{3-1}$$

式中　$d\Delta$——微元面积；

ds——微元弧长；

$d\alpha$——微元弧度。

微元荷载：

$$dF=d\Delta\cdot f_y \tag{3-2}$$

式中　f_y——钢管的屈服强度，MPa。

微元弯矩以 x 轴坐标为计算准线：

$$dM=dF\cdot r_m\sin\alpha=(R-r)\cdot\frac{R-r}{2}\cdot d\alpha\cdot f_y\cdot r_m\cdot\sin\alpha=$$

$$\frac{1}{2}f_y(R^2-r^2)r_m\sin\alpha d\alpha \tag{3-3}$$

式中　$r_m=\dfrac{R+r}{2}$。

$$M_1=f_y\int_{\alpha_0}^{\frac{\pi}{2}}\frac{1}{2}(R^2-r^2)r_m\sin\alpha d\alpha \tag{3-4}$$

通过计算图分析可知，阴影部分荷载方向相同，力矩大小相等、方向相反，故而抵消，则截面的弯矩值为：

$$M_s=4M_1=4f_y\int_{\alpha_0}^{\frac{\pi}{2}}\frac{1}{2}(R^2-r^2)r_m\sin\alpha d\alpha=f_yt(R+r)^2\cos\alpha_0 \tag{3-5}$$

式中　t——钢管壁厚，m。

(2) 核心混凝土的极限弯矩

对于核心混凝土采用条分方法进行分析，在极限状态下，混凝土已经处于屈服状态，混凝土截面受力分析如图 3-4 所示。

微元面积：

$$d\Delta=\sqrt{r^2-y^2}dy \tag{3-6}$$

微元受力：

$$dF=f_c d\Delta=f_c\sqrt{r^2-y^2}dy \tag{3-7}$$

微元弯矩：

$$dM_c=ydF=f_c y\sqrt{r^2-y^2}dy \tag{3-8}$$

混凝土极限弯矩值：

$$M_c=2f_c\int_{r\sin\alpha_0}^{r}\sqrt{r^2-y^2}dy=\frac{2}{3}f_c(r^2-r^2\sin\alpha_0)^{\frac{2}{3}}=\frac{2}{3}f_c r^3\cos^3\alpha_0 \tag{3-9}$$

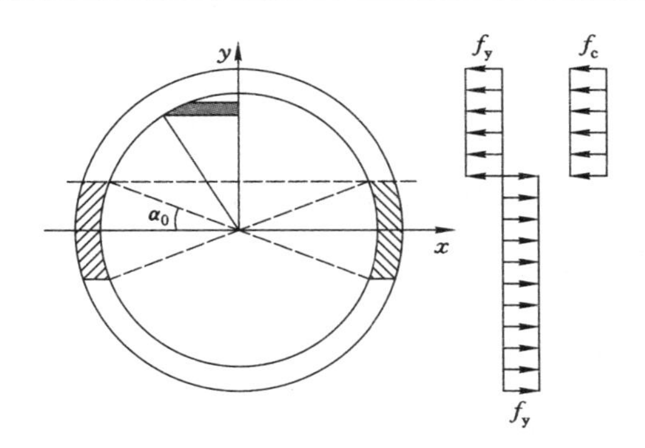

图 3-4 混凝土截面受力分析图

钢管混凝土截面的极限弯矩为：

$$M_{极限}=M_s+M_c=f_y t(R+r)^2\cos\alpha_0+\frac{2}{3}f_c r^3\cos^3\alpha_0 \tag{3-10}$$

可见，极限抗弯强度仅仅与中性轴的位置参数 α_0 有关。

(3) 套箍指标 θ 和 α_0 的关系

如图 3-5 所示，阴影部分表示受压区，其他部分表示受拉区。

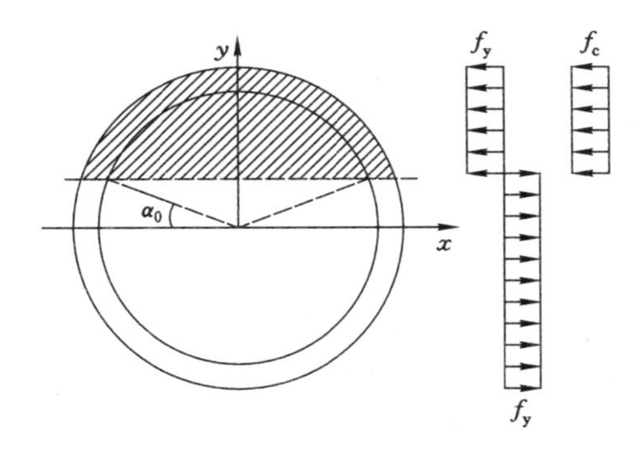

图 3-5 钢管混凝土截面受力分析

钢管截面所受拉力：

$$N_{钢拉}=A_{钢拉}f_y=\frac{R+r}{2}(\pi+2\alpha_0)(R-r)f_y \tag{3-11}$$

钢管截面所受压力：

$$N_{钢压}=A_{钢压}f_y=\frac{R+r}{2}(\pi-2\alpha_0)(R-r)f_y \tag{3-12}$$

混凝土截面所受压力：

$$N_{混压}=A_{混压}f_c=\frac{1}{2}r^2(\pi-2\alpha_0-2\sin\alpha_0\cos\alpha_0)f_c \tag{3-13}$$

式(3-13)中三角函数相乘是求解 α_0 线与阴影部分相夹的两块三角形面积。

根据静力平衡方程：

$$N_{钢拉}=N_{钢压}+N_{混压} \tag{3-14}$$

联立式(3-11)～式(3-14)得：

$$\frac{(R^2-r^2)f_y}{r^2 f_c}=\frac{\pi-2\alpha_0-\sin 2\alpha_0}{4\alpha_0} \tag{3-15}$$

钢管截面积 $A_s=\pi(R^2-r^2)$，核心混凝土总面积 $A_c=\pi r^2$，因而式(3-15)可简化为：

$$\frac{A_s f_y}{A_c f_c}=\frac{\pi-2\alpha_0-\sin 2\alpha_0}{4\alpha_0} \tag{3-16}$$

套箍指标 $\theta=\frac{A_s f_y}{A_c f_c}$，因此，得出套箍指标 θ 与中性轴位置角度 α_0 的关系：

$$\theta=\frac{\pi-2\alpha_0-\sin 2\alpha_0}{4\alpha_0} \tag{3-17}$$

(4) 钢管混凝土支架圆弧拱结构抗弯强度计算

代入钢管混凝土圆弧拱参数得：

钢管截面面积 $A_s=3.14\times\left[\left(\frac{194}{2}\right)^2-\left(\frac{194}{2}-8\right)^2\right]=4\ 672.32(\text{mm}^2)$

核心混凝土截面面积 $A_c=3.14\times\left(\frac{194}{2}-8\right)^2=24\ 871.94(\text{mm}^2)$

套箍指标 $\theta=\frac{A_s f_y}{A_c f_c}=\frac{4\ 672.32\times 245}{24\ 871.94\times 38}=1.21$

采用 Mathematica 软件对 α_0 进行求解。首先绘制出函数图像如图 3-6 所示，得知所求值在 0.2～0.5 范围内，然后在此范围求解，最终得出解为 $\alpha_0=0.362$，代入式(3-10)得：

$$M_{极限}=M_s+M_c=f_y t(R+r)^2\cos\alpha_0+\frac{2}{3}f_c r^3\cos^3\alpha_0=78\ 005.4(\text{N}\cdot\text{m})$$

(5) 圆弧拱最大弯矩与集中力函数关系

采用弹性中心法进行计算，如图 3-7 所示，O_1 为弹性中心，O_2 为圆形，$R=2$ m，$\varphi_0=45°$，$x_1=x=R\sin\varphi$，$y_1=y+d=R\cos\varphi$。

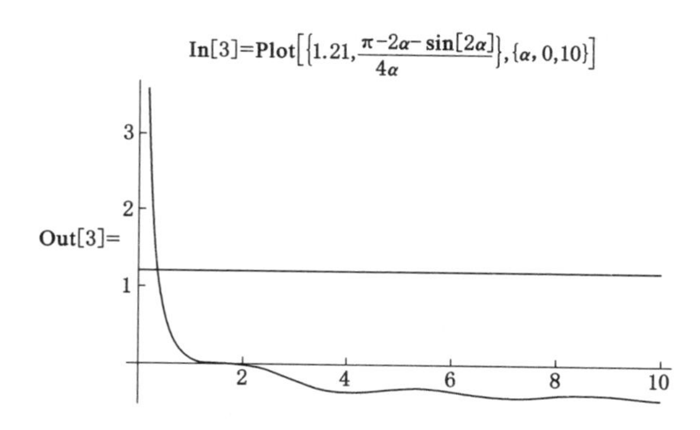

图 3-6　Mathematica 软件求解函数图像

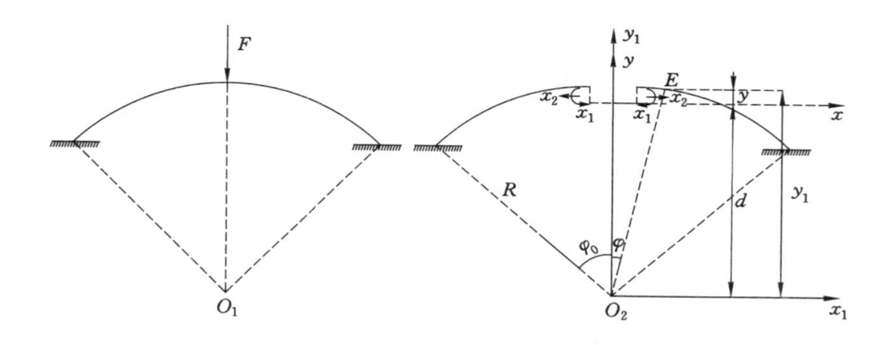

图 3-7　弹性中心法受力分析图

$$d=\frac{\int\frac{y_1}{EI}\mathrm{d}s}{\int\frac{\mathrm{d}s}{EI}}=\frac{2\int_0^{\varphi_0}R\cos\varphi\times R\mathrm{d}\varphi}{2\int_0^{\varphi_0}R\mathrm{d}\varphi}=\frac{R\sin\varphi_0}{\varphi_0}=1.8\ (\mathrm{m})\tag{3-18}$$

$$\begin{cases}\overline{M_1}=1\\ \overline{M_2}=-y=d-y_1=R(\frac{\sin\varphi_0}{\varphi_0}-\cos\varphi)=1.8-2\cos\varphi\end{cases}\tag{3-19}$$

$$\begin{cases}EI\delta_{11}=\int\overline{M_1^2}\mathrm{d}s=2\int_0^{\varphi_0}R\mathrm{d}\varphi=2R\varphi_0=\pi\\ EI\delta_{22}=\int\overline{M_2^2}\mathrm{d}s=2\int_0^{\varphi_0}R^2(\frac{\sin\varphi_0}{\varphi_0}-\cos\varphi)^2\cdot R\mathrm{d}\varphi=0.097\end{cases}\tag{3-20}$$

$$M_{\mathrm{p}}=-\frac{F}{2}x=-\frac{F}{2}R\sin\varphi=-F\sin\varphi\tag{3-21}$$

$$\begin{cases} EI\Delta_{1p}=\int \overline{M_1}M_p\,\mathrm{d}s=2\int_0^{\varphi_0}1\cdot(-F\sin\varphi)\cdot R\mathrm{d}\varphi= \\ \quad -2F\int_0^{\varphi_0}R\sin\varphi\mathrm{d}\varphi=-1.17F \\ EI\Delta_{2p}=\int \overline{M_2}M_p\,\mathrm{d}s=2\int_0^{\varphi_0}(1.8-2\cos\varphi)(-F\sin\varphi)R\mathrm{d}\varphi= \\ \quad -0.11F \end{cases} \tag{3-22}$$

$$\begin{cases} X_1=-\dfrac{\Delta_{1p}}{\delta_{11}}=\dfrac{1.17}{\pi}F=0.37F \\ X_2=-\dfrac{\Delta_{2p}}{\delta_{22}}=\dfrac{0.11F}{0.097}=1.13F \end{cases} \tag{3-23}$$

$$M=M_p+X_1\overline{M_1}+X_2\overline{M_2}=-F\sin\varphi+0.37F+1.13F(1.8-2\cos\varphi)=$$
$$(2.4-\sin\varphi-2.26\cos\varphi)F=[2.4-2.47\sin(\varphi+\theta)]F \tag{3-24}$$

其中 $\tan\theta=2.26\Rightarrow\theta=66.13°$，由 $0°\leqslant\varphi\leqslant45°$ 得：$66.13°\leqslant\varphi+\theta\leqslant111.13°$。

当 $\varphi+\theta$ 取 66.13°时，弯矩最大，此点为拱顶，拱顶弯矩为：

$$M=X_1-X_2(R-d)=F[0.37-1.13(2-1.8)]=0.144F$$

(6) 圆弧拱最大集中荷载 F 计算

根据弹性中心法计算所得最大弯矩与集中力关系：$M=0.144F$，据此得：$F=541\ 704$ N。

3.1.3 钢管混凝土直梁抗弯能力计算

为了分析钢管混凝土支架圆弧拱抗弯能力相对于钢管混凝土直梁的优越性，对钢管混凝土直梁的抗弯能力进行计算。钢管混凝土直梁截面与圆弧拱截面相同，均为 $\phi194\times8$，跨度为 2.83 m。载荷施加方式为，在直梁中点外侧施加载荷，直梁两端自由约束，三点弯曲，如图 3-8 所示。

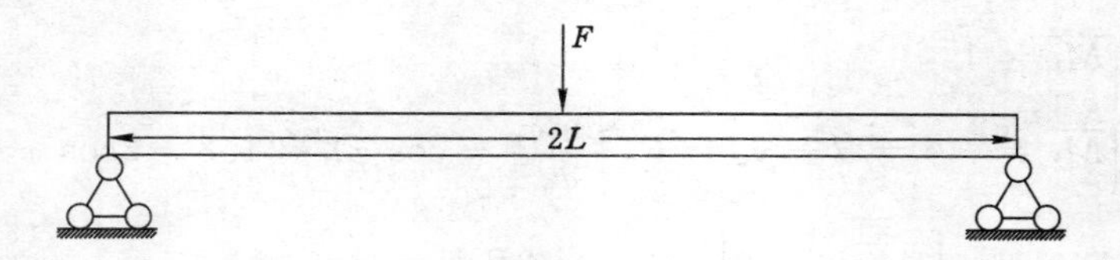

图 3-8　直梁弯曲受力示意图

钢管混凝土直梁的最大弯矩值为 $M_{max}=\dfrac{1}{2}FL$。

由于钢管混凝土的最大抗弯弯矩为 $M=78\ 005.4$ N/m，得：直梁的最大承载力为 $F=110\ 254$ N。

可见，钢管混凝土支架圆弧拱结构相比直梁结构的抗弯能力更强，同跨度条件下钢管混凝土圆弧拱结构的承载能力能达到直梁结构承载能力的 5 倍以上。

3.2　钢管混凝土支架圆弧拱抗弯能力强化措施与理论计算

3.2.1　钢管混凝土支架圆弧拱抗弯能力强化措施

钢管混凝土支架圆弧拱的抗弯能力直接影响钢管混凝土支架的承载能力，特别是在支架跨度较大和巷道围岩变形破坏不均一的条件下。钢管混凝土的抗弯性能相对其抗压性能较弱，可能会产生支架受弯矩作用而破坏的现象。如图 3-9所示为某煤矿软岩巷道中由于巷道围岩自身强度低，巷道两帮局部向巷道空间变形的作用力较大，使得支架两帮的部分范围承受较大弯矩作用而破坏。

图 3-9　钢管混凝土支架受弯矩作用产生破坏照片

为提高钢管混凝土支架承载能力，需对钢管混凝土支架圆弧拱抗弯能力进行强化。强化措施主要有两种方案：在钢管混凝土支架钢管外部圆弧内侧加焊与圆弧拱的内弧相同长度的圆钢或钢板，强化后钢管混凝土支架圆弧拱截面图分别如图 3-10 和图 3-11 所示。

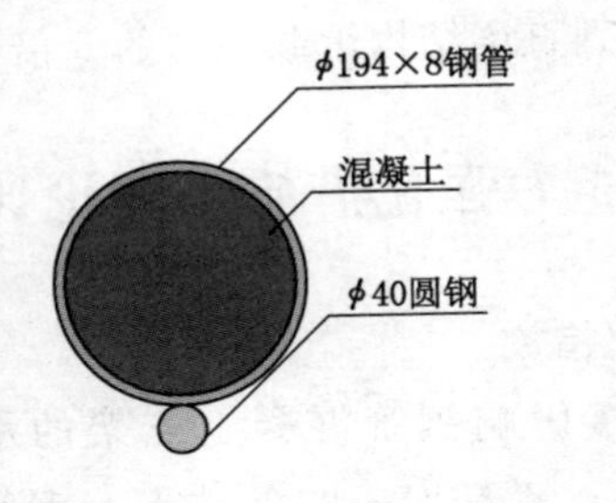

图 3-10　钢管外加焊圆钢截面图

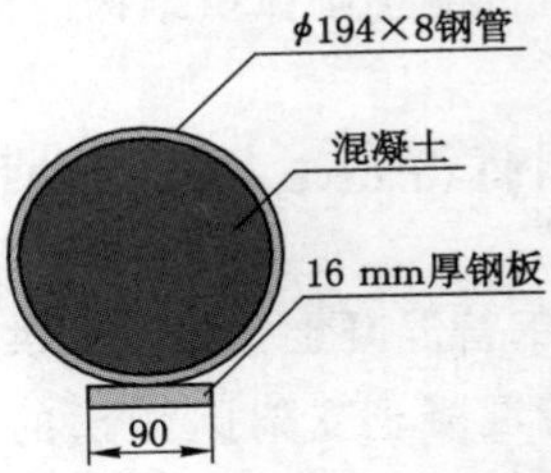

ϕ194×8钢管
混凝土
16 mm厚钢板
90

图 3-11　钢管外加焊钢板截面图

3.2.2　钢管混凝土支架圆弧拱抗弯能力强化理论计算

在钢管混凝土支架圆弧拱内侧钢管外部加焊圆钢或钢板后，整体结构未发生变化，钢管混凝土本身的最大集中荷载与弯矩未发生改变。为简化分析条件，在钢管混凝土支架圆弧拱抗弯强度理论计算假设条件的基础上增加如下的假设条件：

(1) 钢管和圆钢(钢板)无相对移动；

(2) 圆钢(钢板)受力后，距离中性轴相同距离处各点应力大小相等。

3.2.2.1　加焊圆钢强化钢管混凝土圆弧拱极限抗弯能力计算

加焊圆钢强化的钢管和圆钢截面受力情况如图 3-12 所示。

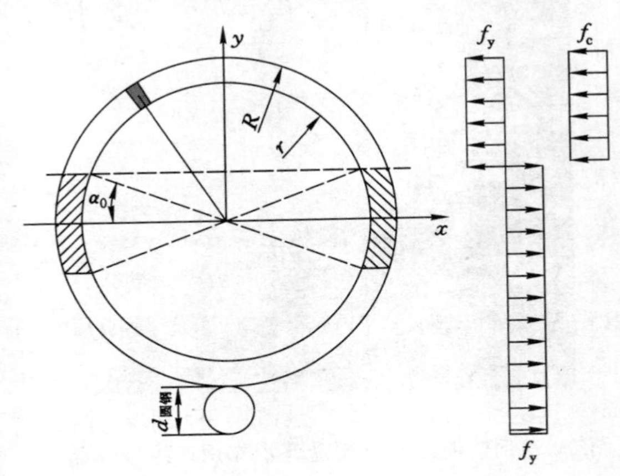

图 3-12　钢管和圆钢截面受力分析图

首先对钢管弯矩求解，加焊圆钢后钢管弯矩不变，由式(3-5)得：

$$M_s = 4M_1 = 4f_y\int_{\alpha_0}^{\frac{\pi}{2}} \frac{1}{2}(R^2 - r^2)r_m \sin\alpha \mathrm{d}\alpha = f_y t(R+r)^2 \cos\alpha_0$$

圆钢部分的弯矩为：

$$M_p = f_y \cdot S_{圆钢} \cdot (\frac{d_{圆钢}}{2}+R) = f_y\pi(\frac{d_{圆钢}}{2})^2(\frac{d_{圆钢}}{2}+R) \tag{3-25}$$

加焊圆钢后核心混凝土弯矩不变，由式(3-9)得：

$$M_c = 2f_c\int_{r\sin\alpha_0}^{r}\sqrt{r^2-y^2}\,\mathrm{d}y = \frac{2}{3}f_c(r^2 - r^2\sin^2\alpha_0)^{\frac{2}{3}} = \frac{2}{3}f_c r^3\cos^3\alpha_0$$

加焊圆钢强化后钢管混凝土截面的极限弯矩为：

$$M_{极限} = M_c + M_s + M_p = \frac{2}{3}f_c r^3 \cos^3\alpha_0 + f_y t\,(R+r)^2\cos\alpha_0 + f_y\pi\,(\frac{d_{圆钢}}{2})^2\,(\frac{d_{圆钢}}{2}+R) \tag{3-26}$$

加焊圆钢强化后钢管和圆钢截面所受拉力：

$$N_{钢拉} = A_{钢拉}f_y = \left[\frac{R+r}{2}(\pi+2\alpha_0)(R-r)+\pi(\frac{d_{圆钢}}{2})^2\right]f_y \tag{3-27}$$

钢管和圆钢截面所受压力和核心混凝土截面所受压力不变：

$$N_{钢压} = A_{钢压}f_y = \frac{R+r}{2}(\pi-2\alpha_0)(R-r)f_y$$

$$N_{混压} = A_{混压}f_c = \frac{1}{2}r^2(\pi-2\alpha_0-2\sin\alpha_0\cos\alpha_0)f_c$$

根据静力平衡方程 $N_{钢拉} = N_{钢压} + N_{混压}$，得：

$$\theta = \frac{(R^2-r^2)f_y}{r^2 f_c} = \frac{\pi-2\alpha_0-2\sin\alpha_0\cos\alpha_0}{4\alpha_0+\frac{\pi}{2(R^2-r^2)}d_{圆钢}^2}$$

代入钢管混凝土圆弧拱参数，采用 Mathematica 软件对 α_0 进行求解 $\alpha_0 = 0.124\ 483$，则加焊圆钢强化后钢管混凝土支架圆弧拱的极限弯矩为：

$$M_{极限} = M_c + M_s + M_p = \frac{2}{3}f_c r^3\cos^3\alpha_0 + f_y t(R+r)^2\cos\alpha_0 + f_y\pi(\frac{d_{圆钢}}{2})^2(\frac{d_{圆钢}}{2}+\mathrm{R}) = 120\ 753(\mathrm{N\cdot m})$$

3.2.2.2　加焊钢板强化钢管混凝土圆弧拱极限抗弯能力计算

加焊钢板强化的钢管混凝土圆弧拱抗弯能力计算与加焊圆钢强化计算原理相同，如图 3-13 所示。

加焊钢板后钢管和核心混凝土截面的弯矩不变，钢板截面的弯矩值为：

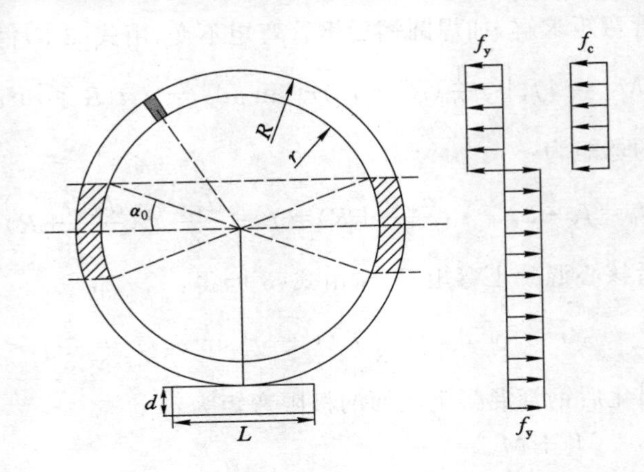

图 3-13　钢管和钢板截面受力分析图

$$M_F=f_y\cdot S_F\cdot(\frac{d}{2}+R)=f_yLd(\frac{d}{2}+R) \tag{3-28}$$

加焊钢板强化后钢管混凝土截面的极限弯矩为：

$$M_{极限}=M_c+M_s+M_F=\frac{2}{3}f_cr^3\cos^3\alpha_0+f_yt(R+r)^2\cos\alpha_0+f_yLd(\frac{d}{2}+R) \tag{3-29}$$

根据静力平衡方程，得：

$$\theta=\frac{(\pi-2\alpha_0-\sin 2\alpha_0)}{4\alpha_0+\dfrac{2Ld}{(R^2-r^2)}} \tag{3-30}$$

代入钢管混凝土及钢板参数，采用 Mathematica 软件解得 $\alpha_0=0.090\ 570\ 8$，则：

$$M_{极限}=M_c+M_s+M_F=\frac{2}{3}f_cr^3\cos^3\alpha_0+f_yt(R+r)^2\cos\alpha_0+f_yLd(\frac{d}{2}+R)=122\ 215(\text{N}\cdot\text{m}) \tag{3-31}$$

根据弹性中心法计算所得最大弯矩与集中力关系：$M=0.144F$，则：

$$F_{加圆钢}=838\ 563\ \text{N}$$

$$F_{加钢板}=848\ 715\ \text{N}$$

由计算结果看，加焊圆钢和钢板均对钢管混凝土圆弧拱的抗弯性能进行了有效提高，分别提高了 55%和 57%，加焊钢板对钢管混凝土圆弧拱的抗弯性能强化效果相对较好。

3.3 钢管混凝土支架圆弧拱抗弯试验研究

3.3.1 试验方案

3.3.1.1 试验目的

(1) 测试空钢管、钢管混凝土、抗弯强化的钢管混凝土及工字钢、U 型钢圆弧拱试件的三点弯曲抗弯能力和破坏形态。

(2) 对比分析空钢管、钢管混凝土、抗弯强化的钢管混凝土及工字钢、U 型钢支架的抗弯能力。

3.3.1.2 试件设计

本试验共包括 6 组试件：空钢管、钢管混凝土、加强圆钢钢管混凝土、加强钢板钢管混凝土、22b 型工字钢、U36 型钢，如图 3-14～图 3-19 所示，具体参数见表 3-1。钢管混凝土圆弧拱抗弯强化试件中圆钢型号为 ϕ40，钢板尺寸为：宽 90 mm，厚 16 mm。钢管和钢管混凝土试件均为钢管混凝土支架支护中常用的 $\phi194\times8$ 型钢管，试件跨度均为 2.83 m，拱半径为 2 m，拱弧为 1/4 圆，钢管采用无缝钢管，材质为 20# 碳素结构钢，抗拉强度 $\sigma_b=410$ MPa，屈服强度 $\sigma_s=245$ MPa；钢管混凝土内核心混凝土等级为 C40，具体配比见表 3-2。

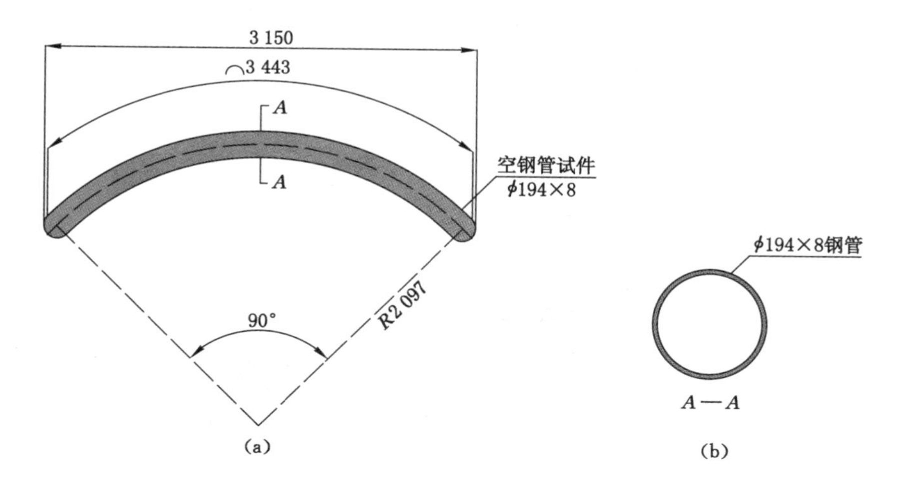

图 3-14 空钢管试件

(a) 试件尺寸参数；(b) 截面图

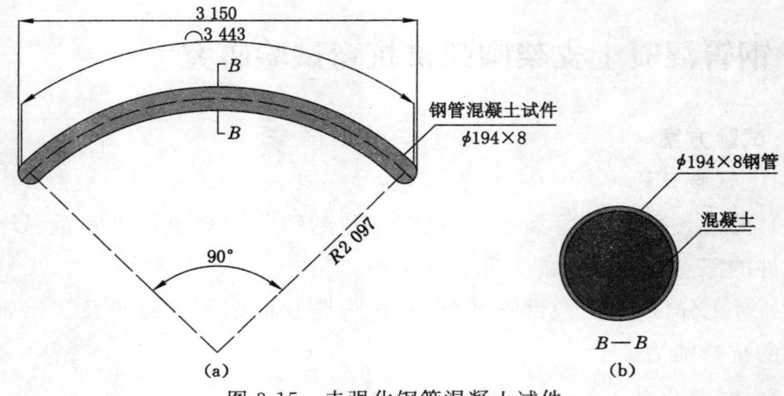

图 3-15 未强化钢管混凝土试件

(a) 试件尺寸参数;(b) 截面图

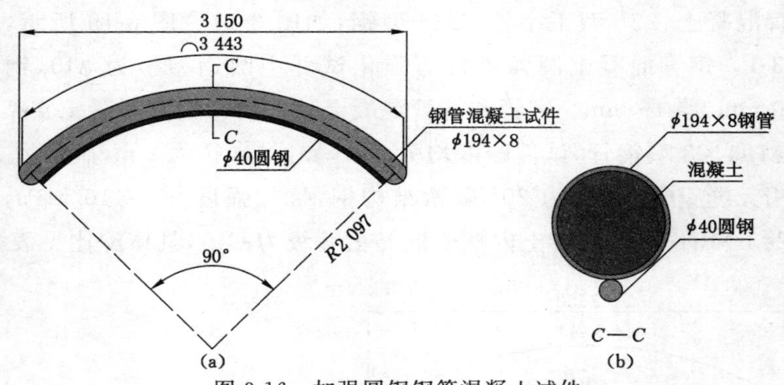

图 3-16 加强圆钢钢管混凝土试件

(a) 试件尺寸参数;(b) 截面图

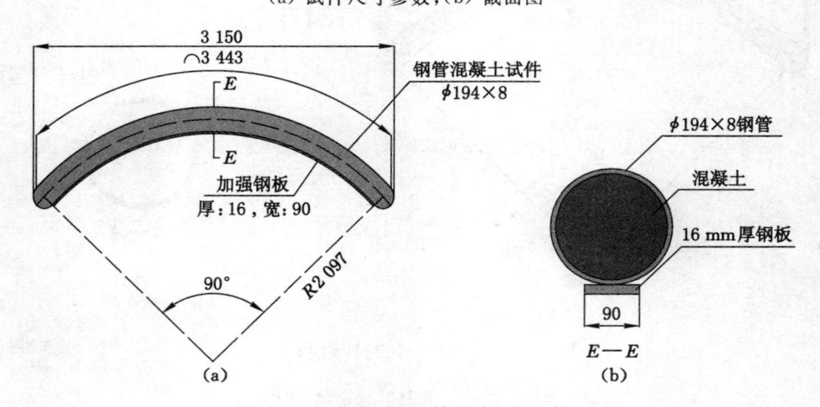

图 3-17 加钢板钢管混凝土试件

(a) 试件尺寸参数;(b) 截面图

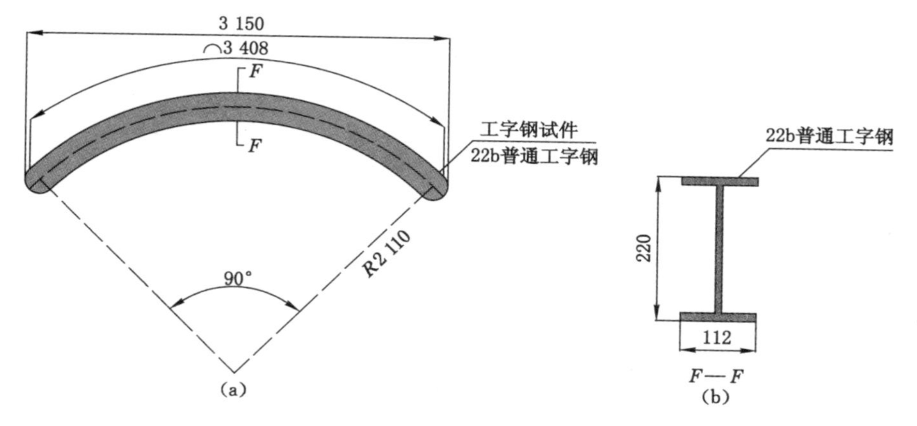

图 3-18 普通 22b 型工字钢试件

(a) 试件尺寸参数;(b) 截面图

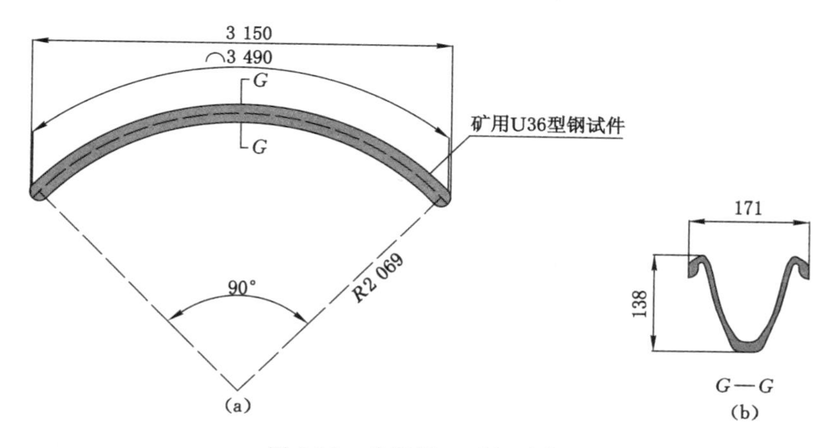

图 3-19 矿用 U36 型钢试件

(a) 试件尺寸参数;(b) 截面图

表 3-1 **试件参数表**

试件名称	规格 型号	钢材单位质量 /(kg/m)	试件弧长/m	试件跨度/m	拱弧半径/m	核心混凝土等级
空钢管试件	ϕ194×8	36.7	3.443	2.83	2.0	C40
钢管混凝土试件	ϕ194×8	36.7	3.443	2.83	2.0	C40
加强圆钢钢管混凝土试件	钢管:ϕ194×8 圆钢:ϕ40	钢管:36.7 圆钢:9.86	3.443	2.83	2.0	C40

续表 3-1

试件名称	规格型号	钢材单位质量/(kg/m)	试件弧长/m	试件跨度/m	拱弧半径/m	核心混凝土等级
加强钢板钢管混凝土试件	钢管:ϕ194×8 钢板:宽 90,厚 16	钢管:36.7 钢板:11.2	3.443	2.83	2.0	C40
U 型钢试件	U36	36	3.490	2.83	2.0	C40
工字钢试件	22b	36.4	3.408	2.83	2.0	C40

表 3-2　　混凝土配比表　　kg/m^3

材料	用量	材料要求
水泥	412.7	标号 42.5 普通硅酸盐水泥
粉煤灰	97.9	质细,无结团
砂子	661.4	中砂,优先选用河砂
石子	1 015.8	碎石,粒径 10～20 mm,级配良好
水	218.9	
泵送剂	7.1	高效萘系减水剂($Na_2SO_3 \leqslant 10\%$)
膨胀剂	20.8	高效 CSA 膨胀剂(硫铝酸钙类)

为保证钢管混凝土内灌注的混凝土满足要求,在试验前先进行混凝土的强度测试。调配好混凝土后,做 6 件边长为 150 mm 的立方体标准试块,然后进行单轴抗压强度测试以测定混凝土强度是否达到要求。

弯管工艺:采用热煨弯管,也叫中频弯管。工艺过程为:直管下料后通过弯管推制机在钢管待弯部分套上感应圈,用机械转臂卡住管头,在感应圈中通入中频电流加热钢管,当钢管温度升高到塑性状态时,在钢管后端用机械推力推进,进行弯制,弯制出的钢管部分迅速用冷却剂冷却,如此边加热、边推进、边弯制、边冷却,不断将弯管弯制出来。

3.3.1.3　试验台及附属设备情况

钢管混凝土支架圆弧拱三点弯曲抗弯试验在山东理工大学土木工程学院结构实验室内进行,实验室配备 500 t 压力机及抗弯试验平台。由于试验为非标准试件加载,需对试验平台进行相应改造。试件两端约束方式为“160 mm 变形空间+固定约束”的方式,即在试件和两端固定约束板之间各预留 80 mm 空间,这与巷道支护工程实际情况基本相符。试件采用拉杆固定两端约束底座的自约束方式;试件侧向约束采用两对侧向约束板对试件进行约束,试验台相关改造情况如图 3-20～图 3-26 所示。

图 3-20 试验台照片

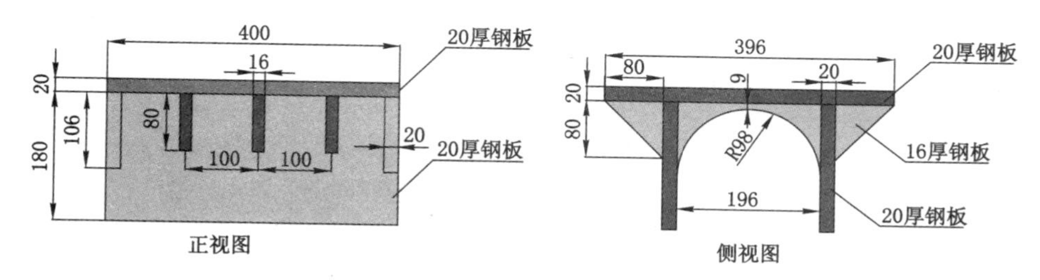

图 3-21 加压垫板参数

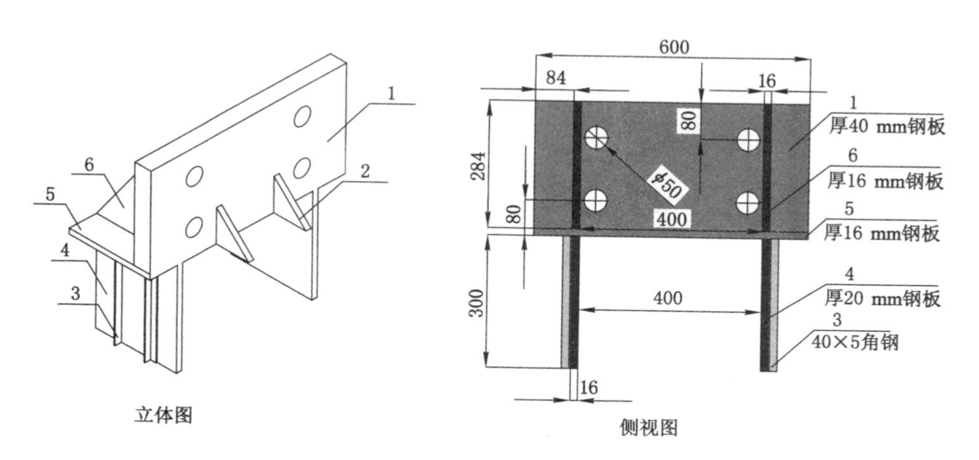

图 3-22 两端固定底座结构图

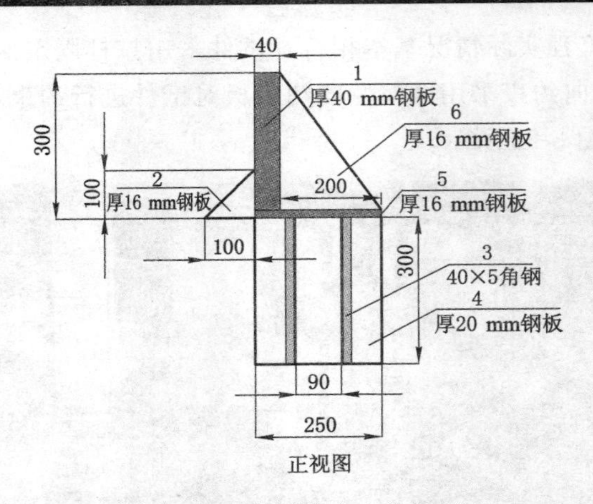

续图 3-22　两端固定底座结构图

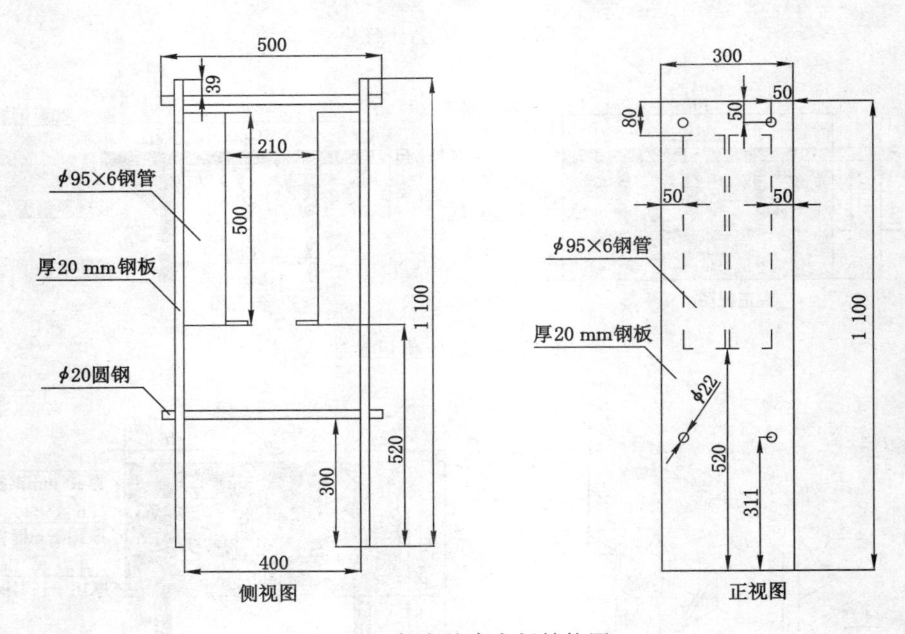

图 3-23　侧向约束夹板结构图

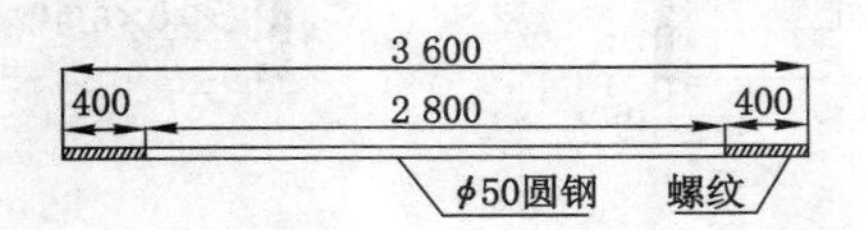

图 3-24　两端约束拉杆结构图

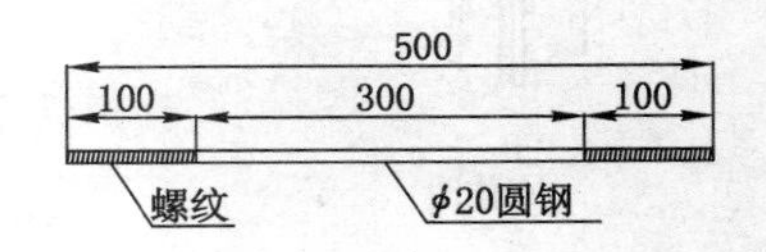

图 3-25　两侧约束拉杆结构图

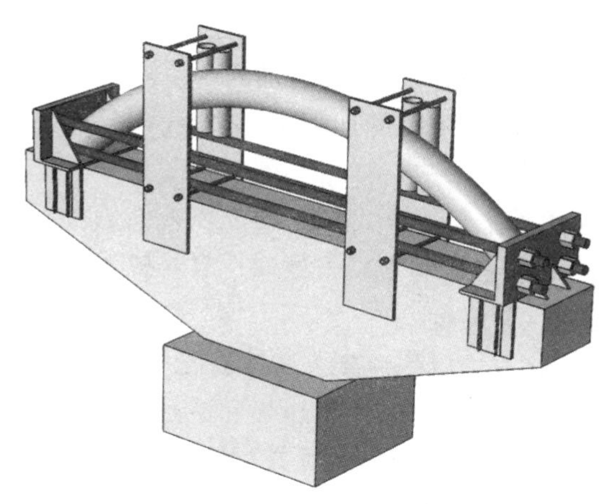

图 3-26 改造后试验台效果图

3.3.1.4 试验方法与步骤

(1) 试件制作。

① 首先依照试验设计将钢管、U36 型钢和工字钢通过热煨加工成具有一定曲率的弧段,并将钢管的其中一端头用钢板进行封焊,如图 3-27 所示,并将圆钢和钢板焊在两钢管的内侧,如图 3-28 和图 3-29 所示。

图 3-27 试件端头处理方式

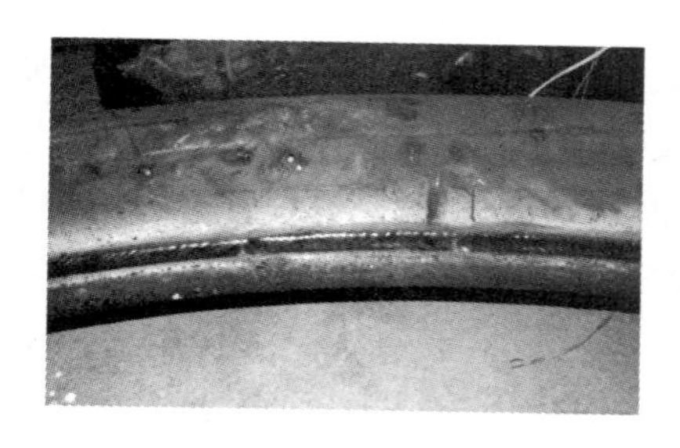

图 3-28 在圆弧拱内侧钢管外部加焊圆钢

图 3-29 在圆弧拱内侧钢管外部加焊钢板

② 配制混凝土，根据试验设计的配比，将胶合料（水泥+泵送剂+膨胀剂）拌匀，然后加入粗、细集料搅拌均匀，最后加入水搅拌，直至搅拌均匀。

③ 混凝土配制完成后，使用模具制作 6 块尺寸为 150 mm×150 mm×150 mm 的立方体试件，如图 3-30 所示。

④ 将混凝土采用人工灌注方式将混凝土填入钢管中，并用钢棍捣实，然后将钢管的另一端用钢板封焊，和混凝土试件一起养护 30 d。

(2) 测试混凝土试件强度。

如图 3-31 所示，将养护后的混凝土试件放置在 200 t 压力机上，并在试件与压力机接触的两面涂抹黄油，以减小承压板和混凝土断面摩擦力的影响，将混凝土试件与试验机上下承载板的轴心线对齐，对混凝土试件进行缓慢加载，直至试件破坏，得到混凝土试件的极限抗压强度。

图 3-30　混凝土试件

图 3-31　混凝土试件压缩试验

(3) 安装抗弯能力测试试件。

将试验平台沿轨道推出，将抗弯能力测试试件竖直放于试验台上，组装好两端及两侧约束装置，试件两端头距两端约束板 80 mm，如图 3-32 所示。然后将平台和试件推至压力机下，使加载油缸与试件处于同一铅垂平面，在试件中央安装加压垫板，调整试件位置使油缸位于加压垫板中央，如图 3-33 所示。

(4) 在试件中点和左右两端 1/4 处各设置一组测点，贴好应变片，安装调试好测量载荷、位移的传感器并连接调试数据采集设备。

(5) 对试件进行缓慢加载，加载过程中通过数据采集器记录载荷读数和各测点应变读数，并每间隔 10 s 读取一次位移计读数，并观察试件破坏形态。

(6) 待载荷达到试件极限抗弯强度且试件明显破坏后逐渐撤去载荷。

图 3-32 试件安装在试验台上

图 3-33 安装好的试件

3.3.2 试验结果分析

分别对 6 块混凝土试件和 6 组钢管混凝土抗弯试件进行抗弯能力测试，混凝土试件破坏后形态如图 3-34 所示，6 块混凝土试验结果见表 3-3。

图 3-34 混凝土试件破坏形态

试件的单轴抗压强度为 47.9 MPa，根据轴心抗压强度与标准立方体试块强度的关系[144]：

$$f_c = 0.8 \times f_{cu} = 38.3 (\text{MPa})$$

即：钢管混凝土试件核心混凝土单轴抗压强度为 38.3 MPa。

表 3-3　　混凝土试件参数及试验结果

试件	极限承载力/kN	单轴抗压强度/MPa	强度平均值/MPa
1	506	50.6	47.9
2	467	46.7	
3	471	47.1	
4	464	46.4	
5	489	48.9	
6	477	47.7	

6 组试件加载破坏后形态分别如图 3-35～图 3-40 所示。加载过程的载荷-位移曲线如图 3-41～图 3-46 所示。试验结果汇总见表 3-4。

图 3-35　空钢管试件破坏形态

图 3-36　钢管混凝土试件破坏形态

图 3-37　加强圆钢钢管混凝土试件破坏形态

图 3-38　加强钢板钢管混凝土试件破坏形态

图 3-39　矿用 U36 型钢试件破坏形态

图 3-40　22b 工字钢试件破坏形态

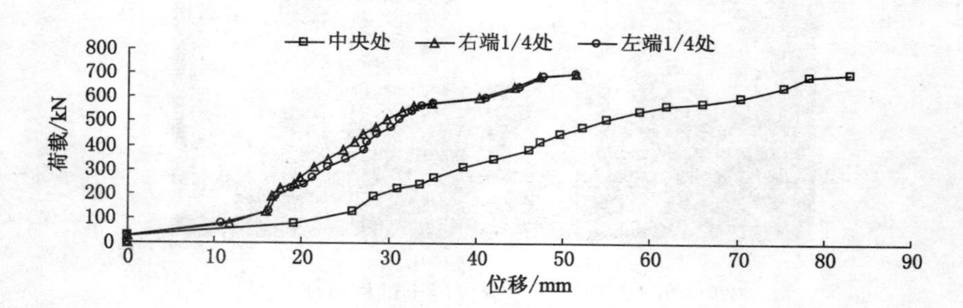

图 3-41　空钢管试件载荷-位移图

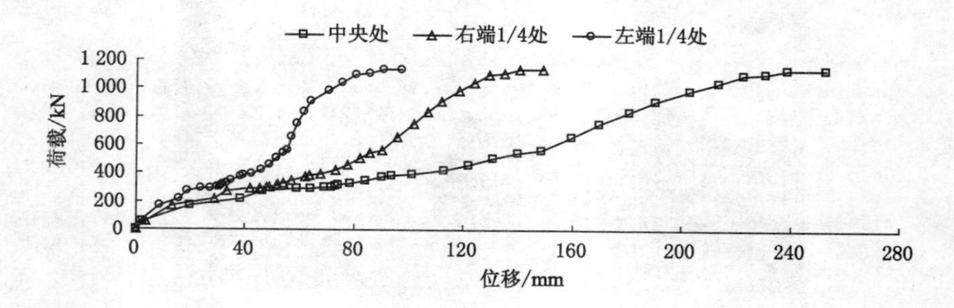

图 3-42　钢管混凝土试件载荷-位移图

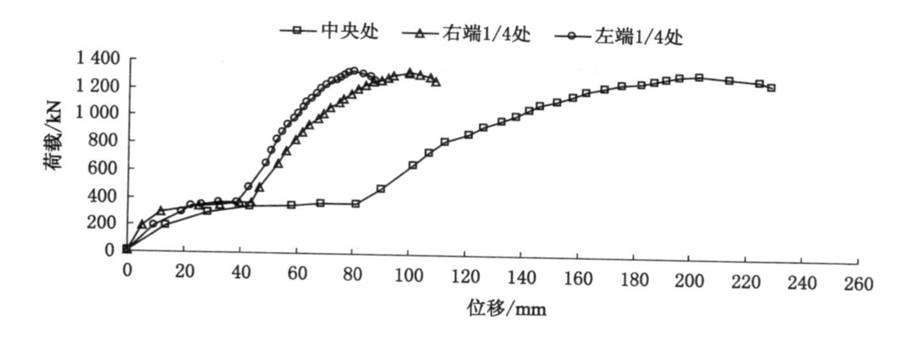

图 3-43　加强圆钢钢管混凝土试件载荷-位移图

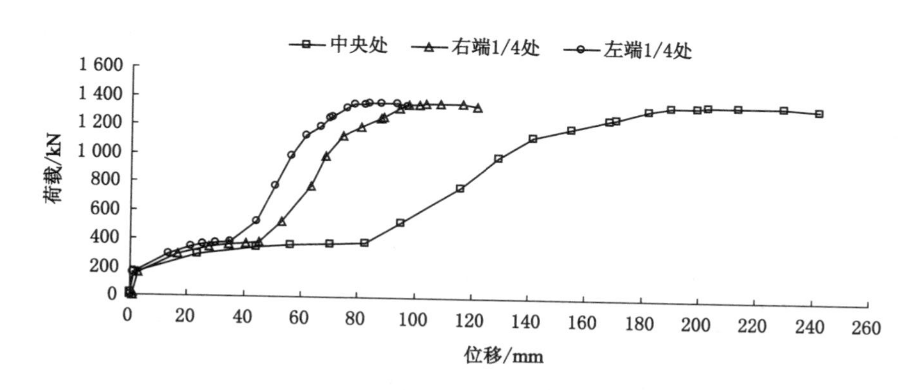

图 3-44　加强钢板钢管混凝土试件载荷-位移图

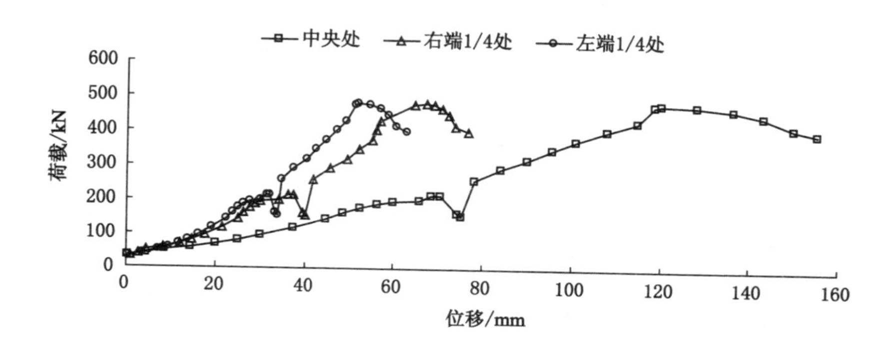

图 3-45　矿用 U36 型钢试件载荷-位移图

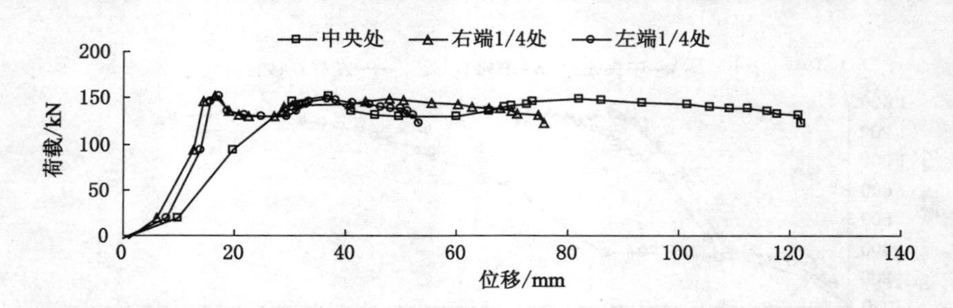

图 3-46　22b 型工字钢试件载荷-位移图

表 3-4　抗弯能力试验结果汇总表

试件名称	钢材理论质量/(kg/m)	最大载荷/kN	中点最大位移/mm
空钢管试件	36.7	707	77.9
钢管混凝土试件	36.7	1 145	213
加强圆钢钢管混凝土试件	钢管:36.7 圆钢:9.86	1 330	229
加强钢板钢管混凝土试件	钢管:36.7 钢板:11.2	1 360	248
U 型钢试件	36	480	90
工字钢试件	36.4	150	98.9

根据试件加载过程中记录的拉杆的应变量,可以推算出试件两端约束结构对试件施加的水平拉力值,按 Q235 圆钢弹性模量为 200 GPa 计算。各试件加载过程中上拉杆和下拉杆的最大应变量及最大拉力见表 3-5。

表 3-5　试件加载过程中拉杆最大应变量和最大拉力值

试件名称	最大应变量/$\mu\varepsilon$		最大拉力/kN		
	上拉杆	下拉杆	上拉杆	下拉杆	合力
空钢管试件	207	523	81.25	205.28	573.05
钢管混凝土试件	586	1 104	230.01	433.32	1 326.65
加强圆钢钢管混凝土试件	708	1 046	277.89	410.56	1 376.89
加强钢板钢管混凝土试件	762	1 275	299.09	500.44	1 599.05
U 型钢试件	164	323	64.37	126.78	382.30
工字钢试件	54	119	21.20	46.71	135.81

通过分析图 3-33～图 3-46 可知：

(1) 6 组试件在开始受压时，由于试件两段存在 80 mm 的自由空间，均产生相对较大的变形，载荷-位移曲线形状相对较缓；当试件两端与试验平台两端约束板接触后载荷-位移曲线相对较陡；当加载至试件极限强度后，除 U 型钢试件和工字钢试件外其他 4 组试件承载力均未明显下降，而 U 型钢试件和工字钢试件加载至试件极限强度后，承载力下降较明显。

(2) 空钢管试件极限载荷为 707 kN，中点最大位移为 77.9 mm；U 型钢试件和工字钢试件极限承载力较小，分别为 480 kN 和 150 kN，中点最大位移分别为 90 mm 和 98.9 mm；而钢管混凝土试件、加强圆钢钢管混凝土试件和加强钢板钢管混凝土试件极限承载力较大，分别为 1 145 kN、1 330 kN 和 1 360 kN，中点最大位移分别为 213 mm、229 mm 和 248 mm。

钢管混凝土及加强型钢管混凝土（加强圆钢钢管混凝土和加强钢板钢管混凝土）试件抗弯强度远大于空钢管、U 型钢、工字钢试件，加强钢板钢管混凝土试件顶端最大荷载达 1 360 kN，是工字钢试件的 9 倍，是 U 型钢试件的 2.8 倍；且空钢管试件的抗弯强度也大于 U 型钢、工字钢试件。

(3) 空钢管在加压至 600 kN 时，由于加压垫板的应力集中作用使得加压垫板边缘处开始产生凹陷，钢管被压瘪，截面破坏，致使变形急剧增大。钢管混凝土试件、加强圆钢钢管混凝土试件和加强钢板钢管混凝土试件在加载至极限强度后，试件中点位置出现“鼓肚子”形态，表明内部混凝土已破坏，处于塑性状态。U 型钢试件和工字钢试件达到或接近极限承载力后试件左右两端产生平面外位移，右侧向前，左侧向后，产生扭转屈曲变形。而空钢管、钢管混凝土及加强型钢管混凝土构件未产生扭曲变形，试件各部位只在同一垂直平面内产生位移。

(4) 钢管混凝土试件、加强圆钢钢管混凝土试件和加强钢板钢管混凝土试件中点垂向位移最大达 248 mm，甚至形态呈“m”形，而且在这种状态下仍然具有较高承载力，且没有明显下降；而空钢管试件、U 型钢试件和工字钢试件中点最大垂向位移均小于 100 mm，且承载力有明显下降趋势。可见钢管混凝土试件、加强圆钢钢管混凝土试件和加强钢板钢管混凝土试件可以在维持承载力的情况下产生较大变形，而空钢管试件、U 型钢试件和工字钢试件可变形量较小。

(5) 通过在钢管混凝土支架圆弧拱内侧钢管外部加焊圆钢和钢板后，试件的抗弯能力明显提高，分别提高了 16% 和 19%，加焊钢板的抗弯强化效果优于加焊圆钢强化效果。试验结果与理论计算的结果相差较大，其原因为：由于理论计算过程中假设在极限状态受拉和受压部分都达到屈服，显然这个假设条件将使得计算结果偏大。由于未加强化措施时，薄壁钢管混凝土的钢管截面积较小，使得假设条件对计算结果影响较小，而加强化措施后，钢的截面积增大，使得假设条件对结果影响较大。

通过不同构件抗弯性能试验结果结合钢管混凝土短柱单轴抗压试验结果和工程现场试验结果可以推断：① 钢管混凝土支架及加强型钢管混凝土支架的整体强度远大于目前矿井巷道支护中常用的 U 型钢支架和工字钢支架，可以对巷道围岩提供更高的支护反力；② 钢管混凝土支架塑性变形量大且具有塑性强化特性，可以对围岩进行适当让压并保持支架承载力不下降；③ 在钢管混凝土支架内侧钢管外部加焊圆钢或钢板可有效提高钢管混凝土支架抗弯曲能力，进而提高支架整体承载能力。

3.4 钢管混凝土支架结构设计要点和建议

通过上述对钢管混凝土支架相关性能分析结果，提出钢管混凝土支架设计的要点和建议如下：

(1) 为了使支架对巷道围岩提供有效支护反力，使支架-围岩作用关系更合理，钢管混凝土支架断面形状要与地应力场、巷道围岩变形特点相适应，尽量使用圆形、椭圆形和浅底拱圆形断面。

(2) 为避免钢管混凝土支架各段产生压杆失稳而承载能力降低，钢管混凝土支架之间用钢管混凝土柱连接，应保证连接紧固，且支架相邻两顶杆间距离应小于支架主体钢管直径的 10 倍。

(3) 钢管混凝土的抗压性能远强于其抗弯性能，应充分利用钢管混凝土的抗压性能，尽量减少支架受弯矩作用的范围和强度。

(4) 为了避免钢管混凝土支架受弯矩作用力大而产生破坏，如果支架跨度较大或巷道围岩变形压力大且不均匀，支架部分范围受弯矩作用较大时，应对受弯部位进行抗弯强化处理。

(5) 钢管混凝土支架圆弧拱结构相比直梁结构的承载能力更强，尽量使用圆弧段，减少直梁范围。

(6) 钢管混凝土支架各接头位置是性能相对薄弱点，尽量减少钢管段数，提高支架整体完整性。

3.5　小结

通过对钢管混凝土支架圆弧段抗弯强度及其强化措施的研究，主要得到以下结论：

（1）通过理论计算得出了钢管混凝土支架圆弧拱小变形弹性阶段的抗弯能力计算公式：$M_{极限}=M_c+M_s=f_y t(R+r)^2\cos\alpha_0+\dfrac{2}{3}f_c r^3\cos^3\alpha_0$，钢管混凝土支架圆弧拱型号 $\phi194\times8$，断面为 1/4 圆弧，其最大弯矩 $M_{极限}=78\ 005.4$ N·m，最大集中荷载 $F=541\ 704$ N。而同跨度钢管混凝土直梁能承受的最大集中荷载 $F=110\ 254$ N，仅为圆弧拱的 1/5。

（2）采用弹性中心法计算顶拱弯矩为：$M_{max}=X_1-X_2(R-d)=0.144F$，圆弧拱承受的最大集中荷载 $F=541\ 704$ N。

（3）提出了钢管混凝土支架圆弧拱抗弯能力强化措施：在钢管混凝土支架圆弧内侧钢管外部加焊与圆弧拱的内弧相同长度的圆钢或钢板；加焊圆钢和钢板强化后的圆弧拱承载能力理论值分别为 838 563 N 和 848 715 N，比未强化的圆弧拱承载能力分别提高了 55%和 57%，加焊钢板对钢管混凝土圆弧拱的抗弯性能强化效果相对好。

（4）对空钢管、钢管混凝土、加强圆钢和钢板钢管混凝土、U 型钢和工字钢圆弧拱试件的抗弯能力进行了试验。

（5）试验结果证明通过在钢管混凝土支架圆弧拱内侧钢管外部加焊圆钢和钢板后，试件的抗弯能力分别提高了 16%和 19%，理论计算结果偏大。

（6）U 型钢试件和工字钢试件达到或接近极限承载力后，试件左右两端产生平面外位移，右侧向前，左侧向后，产生扭转屈曲变形。

（7）钢管混凝土试件、加强圆钢钢管混凝土试件和加强钢板钢管混凝土试件中点垂向位移达 248 mm 时承载力没有明显下降；而空钢管试件、U 型钢试件和工字钢试件中点最大垂向位移均小于 100 mm，且承载力有明显下降趋势。因此，钢管混凝土支架塑性变形量大且具有塑性强化特性，可以对围岩进行适当让压并保持支架承载力不下降。

（8）提出了钢管混凝土支架设计的要点和建议：① 钢管混凝土支架断面形状要与地应力场、巷道围岩变形特点相适应，尽量使用圆形、椭圆形和浅底拱圆形断面；② 支架相邻两顶杆间距离应小于支架主体钢管直径的 10 倍；③ 充分利用钢管混凝土的抗压性能，尽量减少支架受弯矩作用的范围和强度；④ 如果支架跨度较大或巷道围岩变形压力大且不均匀，支架部分范围受弯矩作用较大时，应对受弯部位进行抗弯强化处理；⑤ 尽量使用圆弧段，减少直梁范围；⑥ 减少钢管段数，提高支架整体完整性。

4 钢管混凝土支架承载性能试验研究

本章推导了钢管混凝土支架承载力和最大支护反力的计算公式，并对钢管混凝土支架的实际承载力进行了实验室测试，描述了试验方案和试验过程，并根据试验所得数据对钢管混凝土支架受载荷作用时各部位的受力状态、变形破坏形式进行了分析。

4.1 钢管混凝土支架承载能力计算

4.1.1 钢管混凝土支架承载力计算

文献[145]指出，由于钢管支架在压弯时可能受长细比与偏心率影响，在计算钢管混凝土支架的极限承载力时需考虑折减系数，钢管混凝土支架的极限承载力为：

$$N_u = \varphi_l \cdot \varphi_e \cdot N_0 = \varphi \cdot N_0 \tag{4-1}$$

式中 N_u——钢管混凝土支架的极限承载力，kN；

N_0——钢管混凝土短柱承载力，kN；

φ——折减系数，主要受支架断面形状及应力加载方式的影响，取 0.67。

例如：ϕ194×8 钢管混凝土短柱，钢管型号：ϕ194×8；钢管材质：20# 低碳钢，含碳量为 0.2%，抗拉强度 σ_b=410 MPa，屈服强度 σ_s=245 MPa，弹性模量 200 GPa；核心混凝土等级：C40，抗压强度取值 38 MPa，支架间距 0.8 m，支架断面半径为 2 m。

由前文可知，N_0=3 232 kN，代入式(4-1)可知：

$$N_u = \varphi_l \varphi_e N_0 = \varphi N_0 = 0.67 \times 3\ 232 = 2\ 165.4(\text{kN})$$

即：支架承载能力为 2 165.4 kN。

4.1.2 支架支护反力计算

以圆形支架断面分析，假设支架上部半圆拱承受均匀围岩压力，巷道中钢管混凝土支架结构力学模型如图 4-1 所示。

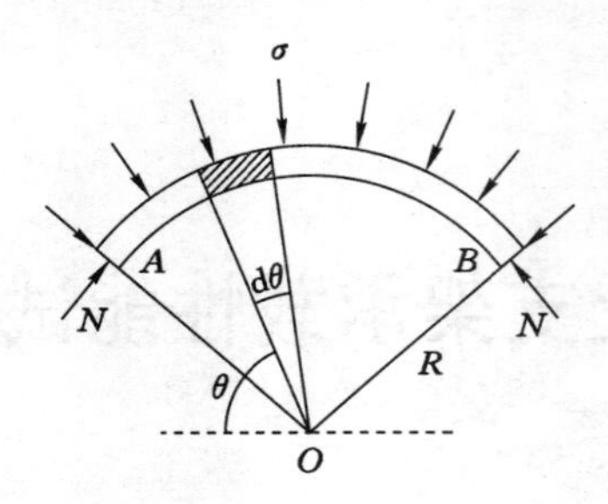

图 4-1　钢管混凝土支架结构力学模型[28, 130]

极限承载平衡方程为：

$$S \cdot \int_{0}^{90} \sin\theta \cdot \sigma R \, \mathrm{d}\theta = N_{\mathrm{u}} \tag{4-2}$$

式中　S——支架间距，m；

σ——支架支护反力，MPa；

R——支架断面半径，m；

N_{u}——钢管混凝土支架的极限承载力，kN。

则：$\sigma=\dfrac{N_{\mathrm{u}}}{SR}$，代入式(4-1)可得：

$$\sigma=\frac{\varphi N_0}{SR} \tag{4-3}$$

由式(4-3)可以看出，钢管混凝土支架对巷道围岩的支护反力与钢管混凝土短柱的极限承载力成正比，与支架断面半径和支架间距成反比，另外还与支架结构折减系数有关。对于一定工程地质条件而言，钢管混凝土支架可提供的最大支护反力主要与钢管混凝土短柱强度有关。代入支架参数，可得该型支架的支护反力 $\sigma=\dfrac{2\ 165.4}{2\times0.8}=1.35$(MPa)。

4.2　钢管混凝土支架承载力试验设计

4.2.1　试验目的

对目前工程实践中常用的两种钢管混凝土支架架型 $\phi194\times8$、$\phi168\times6$ 进行承载力试验，得出支架的极限承载力，从而为工程实践中针对不同工程地质条件选择合适的支架型号，另外根据破坏部位和破坏形式进行分析，分析支架承载能力相对较弱的部位，以对支架进行进一步优化，提高支架整体性能。

4.2.2 试验内容

（1）测试2种架型钢管混凝土支架 $\phi194\times8$、$\phi168\times6$（混凝土等级：C40）在两端约束和侧向约束条件下的顶端极限承载力和极限变形量、失稳破坏部位和破坏形式。

（2）测试各级载荷下2种架型支架各部位的应变、位移及变形破坏情况，得出各部位的载荷-位移、载荷-应变曲线。

4.2.3 试件设计

钢管混凝土支架主体的设计参数主要包括：钢管型号、支架断面形状及参数、弯管工艺、混凝土配比。

2种架型钢管混凝土支架钢管分别是：$\phi194\times8$、$\phi168\times6$，无缝钢管，钢管材质为20#碳素结构钢。

支架断面形状为浅底拱圆形；支架净断面：宽4 m、高3.8 m；由4段弧组成，顶弧半径为2 300 mm，底弧半径为3 000 mm，两端过渡弧半径为1 200 mm，具体参数如图4-2～图4-3所示，试件参数见表4-1。

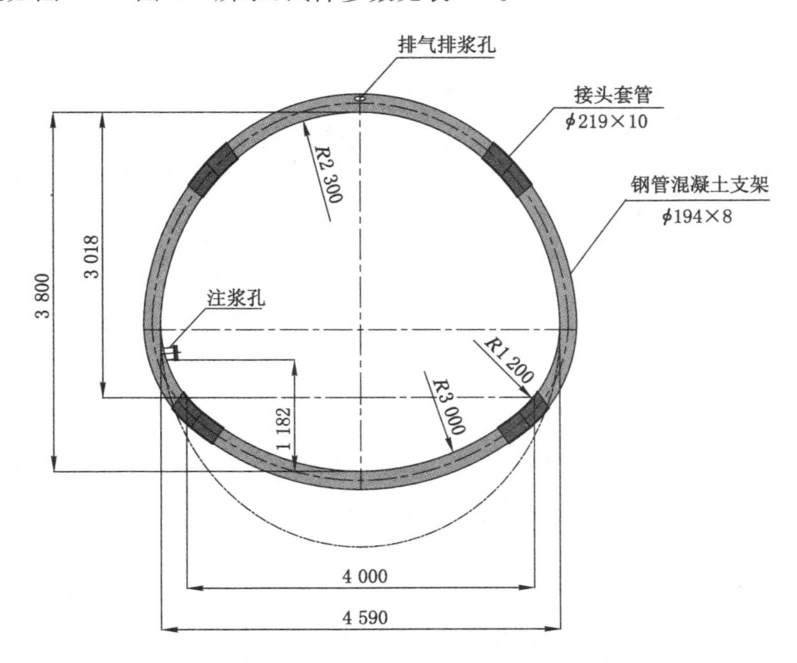

图4-2 $\phi194\times8$型钢管混凝土支架设计图

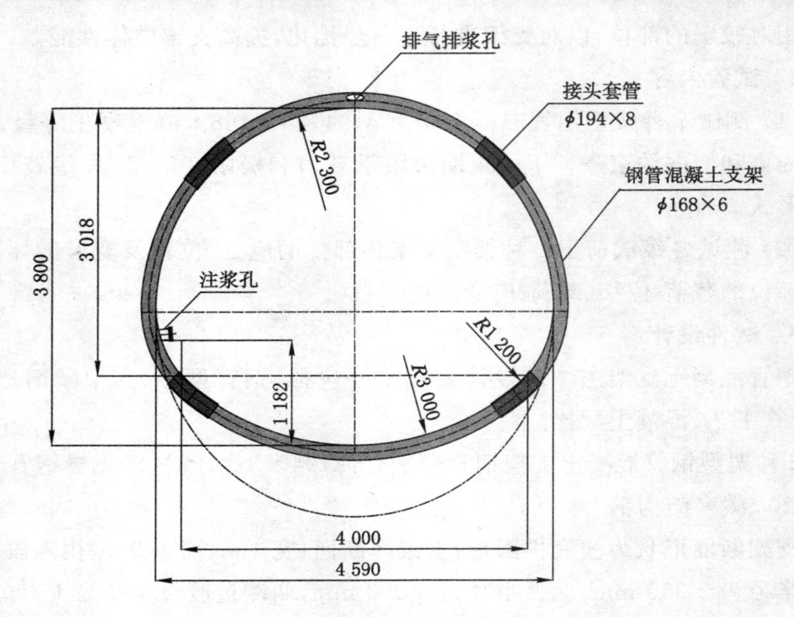

图 4-3　ϕ168×6 型钢管混凝土支架设计图

表 4-1　　钢管混凝土支架试件参数表

支架名称	支架主体钢管型号	单位质量/(kg/m)	套管钢管型号	钢管材质	支架净高/m	支架净宽/m	混凝土等级
支架 ϕ194×8	ϕ194×8	36.7	ϕ219×10	20[#] 碳素结构钢	3.8	4.0	C40
支架 ϕ168×6	ϕ168×6	24.0	ϕ194×8	20[#] 碳素结构钢	3.8	4.0	C40

弯管工艺：采用热煨弯管工艺。混凝土配比：混凝土等级为 C40，具体配比见表 3-2。

4.2.4　试验平台设计

在北京工业大学结构工程实验室进行试验。实验室油缸可施加最大载荷 400 t，最大行程 250 mm，地孔孔距 500 mm，孔径 80 mm。在此基础上依照试验目的和试验内容对该试验平台进行改造。

对试件两端(左右)进行约束，约束形式采用拉杆自约束的方式，分别在距支架底部 1.5 m、2.5 m 和 3.5 m 处安设一对拉杆(ϕ50 圆钢，材质 Q345 钢，屈服强度 σ_s＝345 MPa，弹性模量 200 GPa)。对试件两侧的约束(前后)采用定位钢梁进行约束，分别在距支架底端 2.0 m 和 3.0 m 位置安设一对侧向约束钢梁，钢梁另一端固定在试验平台立柱上。试验平台及固定支架装置如图 4-4～图 4-8 所示。

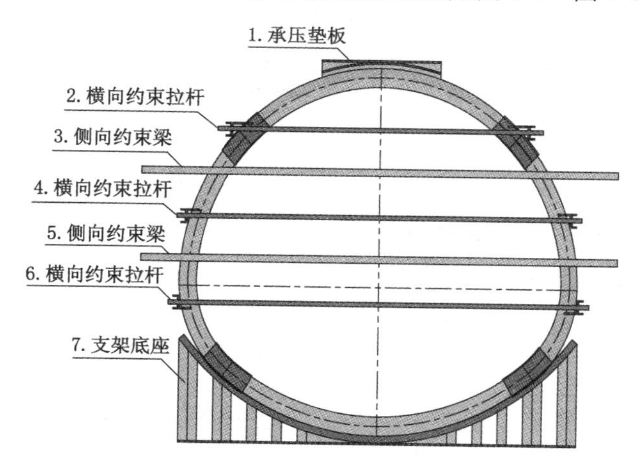

图 4-4 支架承载力试验总体结构图

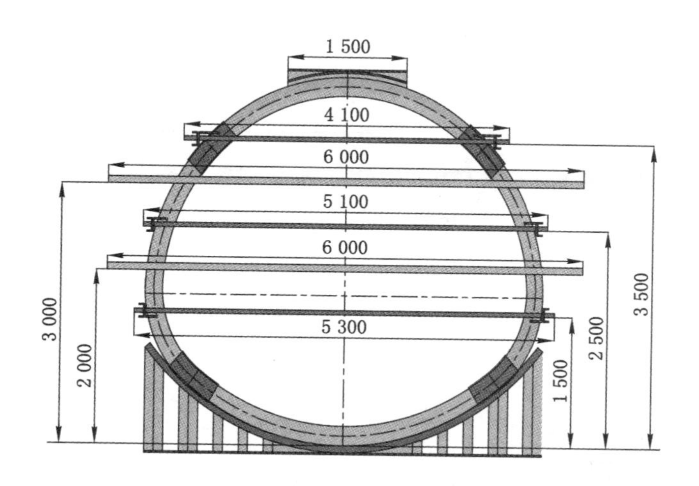

图 4-5 支架固定构件参数

4.2.5 测试内容

（1）支架承载能力

在对支架加载过程中监测所施加载荷，每间隔 2 s 取一次数据，得到载荷-时间曲线。

（2）支架破坏形式

在对支架加载过程中监测支架的变形破坏部位和破坏形式。

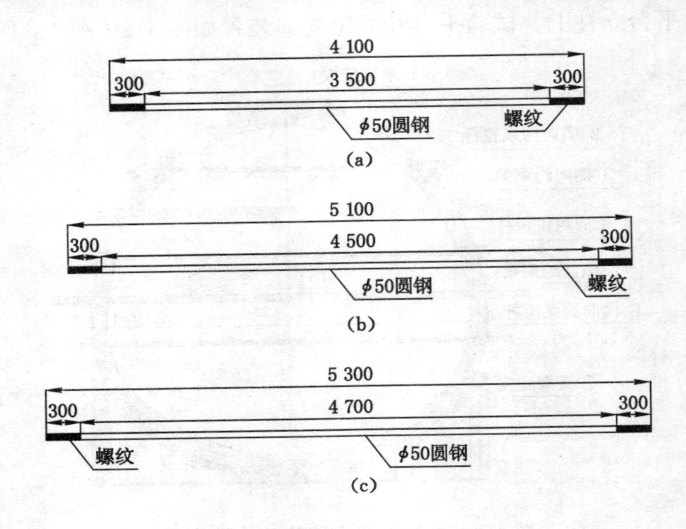

图 4-6　两端约束拉杆结构图

(a) 拉杆 2;(b) 拉杆 4;(c) 拉杆 6

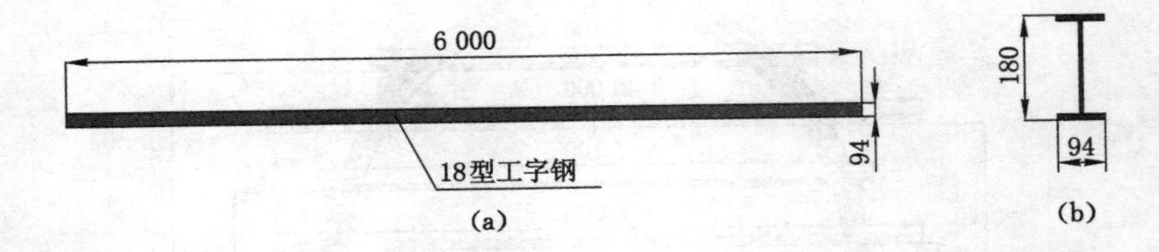

图 4-7　两侧约束钢梁结构图

(a) 正视图;(b) 截面图

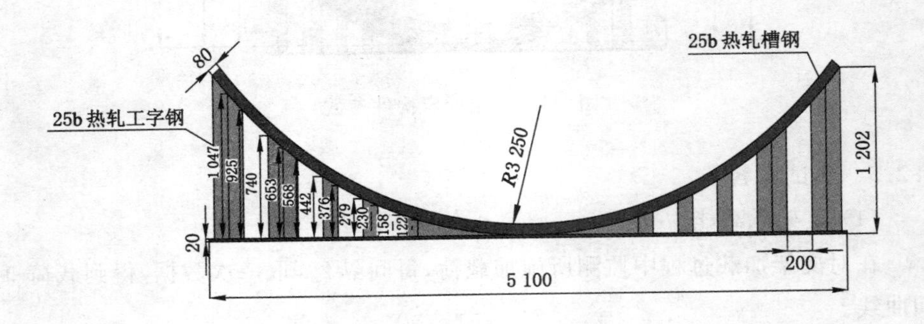

图 4-8　支架承载底座结构图

(3) 支架各部位应变和位移

如图 4-9 所示，在支架各部位设置 15 个测位，其中测位 1 分别在钢管的外侧(S_{O1})、中线处(S_{C1})和内侧(S_{I1})安设应变片用于监测该测位处钢管外侧、中线处和内侧的轴向应变；测位 2～12 分别在钢管中线处和内侧安设应变片用于监测该测位处钢管中线处和内侧的轴向应变；测位 13～15 处每根拉杆中部安设 1 个应变片用于监测 3 组(6 根)拉杆的轴向应变；分别在测位 1、5、9 处钢管内侧垂直于钢管安设位移计，用于监测该处位移。对 15 个测位的应变进行监测(每 2 s 取一次数据)以了解支架各部位所处的状态，并得到载荷-位移曲线和载荷-应变曲线。

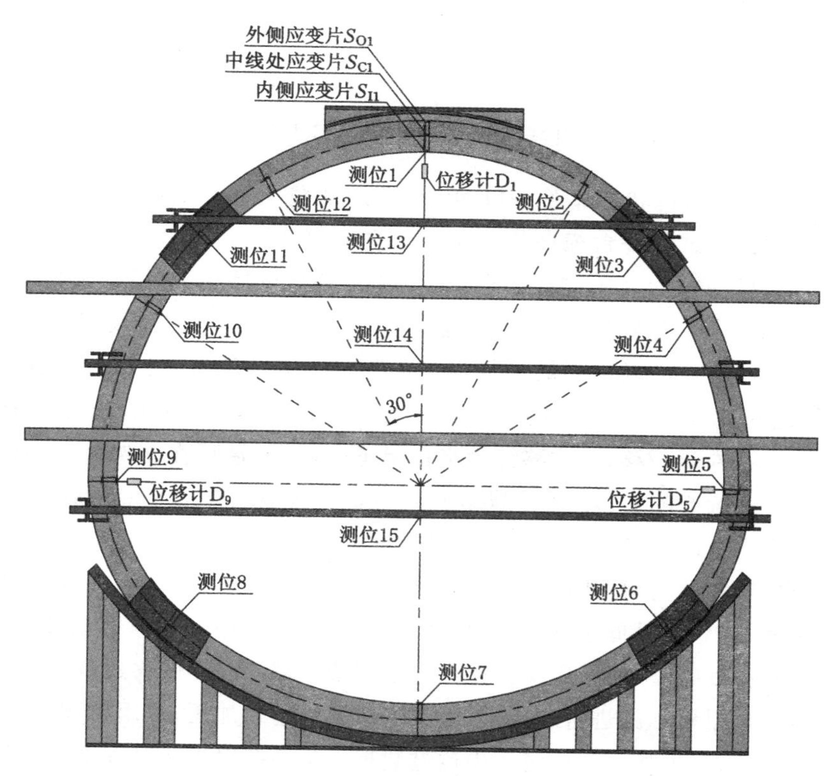

图 4-9 监测传感器布置图

4.2.6 试验方法与步骤

试验顺序依次为 $\phi 194 \times 8$、$\phi 168 \times 6$。首先安装试验用支架承载底座，用固定杆和实验室地孔卡销将支架承载底座固定在实验室地板上，然后安装一侧的侧向约束钢梁，将钢管混凝土支架在地面组装好，如图 4-10 所示。然后再吊装到试验平台上，依次安装另一侧侧向约束钢梁、两端约束拉杆、承压垫板，最后安设应变片、位移传感器和力传感器。

图 4-10 在地面组装好的钢管混凝土支架试件

支架试件装好的状态如图 4-11 所示，采用加载油缸对试件进行垂向加载，加载油缸固定在试验平台横向钢梁上。如图 4-12 所示，支架上部安设加压垫板，加压垫板长度为 1.5 m，加压垫板中点和两端与试件接触，另外加压垫板两侧挡板完全焊接在支架上，以使载荷施加均匀。加压垫板上方安设调节垫板，通过调节垫板使油缸可以达到最大行程。在调节垫板和油缸之间安设载荷传感器，监测记录油缸施加载荷的大小。测量支架两端位移采用杆式位移计，图 4-13为支架左端位移计，位移计固定在架子上，另一端顶在支架最左端（即支架对应上圆弧圆心的左边），在支架和拉杆位移计接触端头接触位置垂向安设一块 15 cm×15 cm 的玻璃板，以消除测量过程中试件测量点位置不是平面带来的影响，右侧位移计与此相对应。测量支架垂向位移采用拉线式位移计，如图 4-14所示，将位移计固定在支架底端内侧中点处，采用细钢丝连接支架顶端内侧中点和拉线式位移计，用此位移计测量支架顶端和底端的移近量。

通过液压泵对油缸进行加压，进而油缸对试件进行加压；采用单调加压的方式加载，直至试件破坏。加压过程中通过数据采集系统对加压过程中的时间、载荷、位移、应变进行监测记录，数据采集系统及界面如图 4-15 所示。打开数据采集系统后，以 50 kN/min 速率加载至 1 000 kN，大于 1 000 kN 时，以 30 kN/min 速率加载，在试件开始发生破坏时以 10 kN/min 的速率缓慢加载，并时刻观察试件破坏情况，直至试件整体进入塑性状态或产生明显破坏。

(a)

(b)

图 4-11　安装好的支架试件(ϕ168×6)

(a) 正面;(b) 侧面

图 4-12　试验加载设备和载荷传感器

图 4-13　支架左端位移计(杆式)

图 4-14　垂向位移计(拉线式)

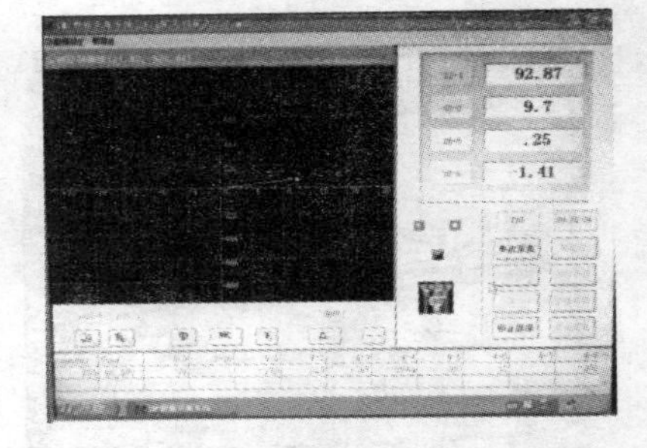

图 4-15　数据采集处理系统及界面

4.3　试验结果分析

在北京工业大学工程结构实验室先后对 $\phi194\times8$ 型和 $\phi168\times6$ 型钢管混凝土支架试件极限承载能力进行了实测，安装好的试件支架分别如图 4-16 和图 4-11 所示。

图 4-16　安装好的试件支架（$\phi194\times8$）

4.3.1　$\phi194\times8$ 型钢管混凝土支架试件试验结果分析

对 $\phi194\times8$ 型钢管混凝土支架试件进行加载试验，通过试验数据分析得出的载荷-时间曲线如图 4-17 所示，载荷-垂向位移曲线和载荷-水平位移曲线分别如图 4-18 和图 4-19 所示，各测位载荷-应变曲线如图 4-20～图 4-33 所示，加载过程中，支架各测点的最大位移量及应力状态见表 4-2，卸荷后支架左肩套管处混凝土破坏情况如图 4-34 所示。图 4-17～图 4-33中 O 曲线均表示卸荷过程对应的曲线。

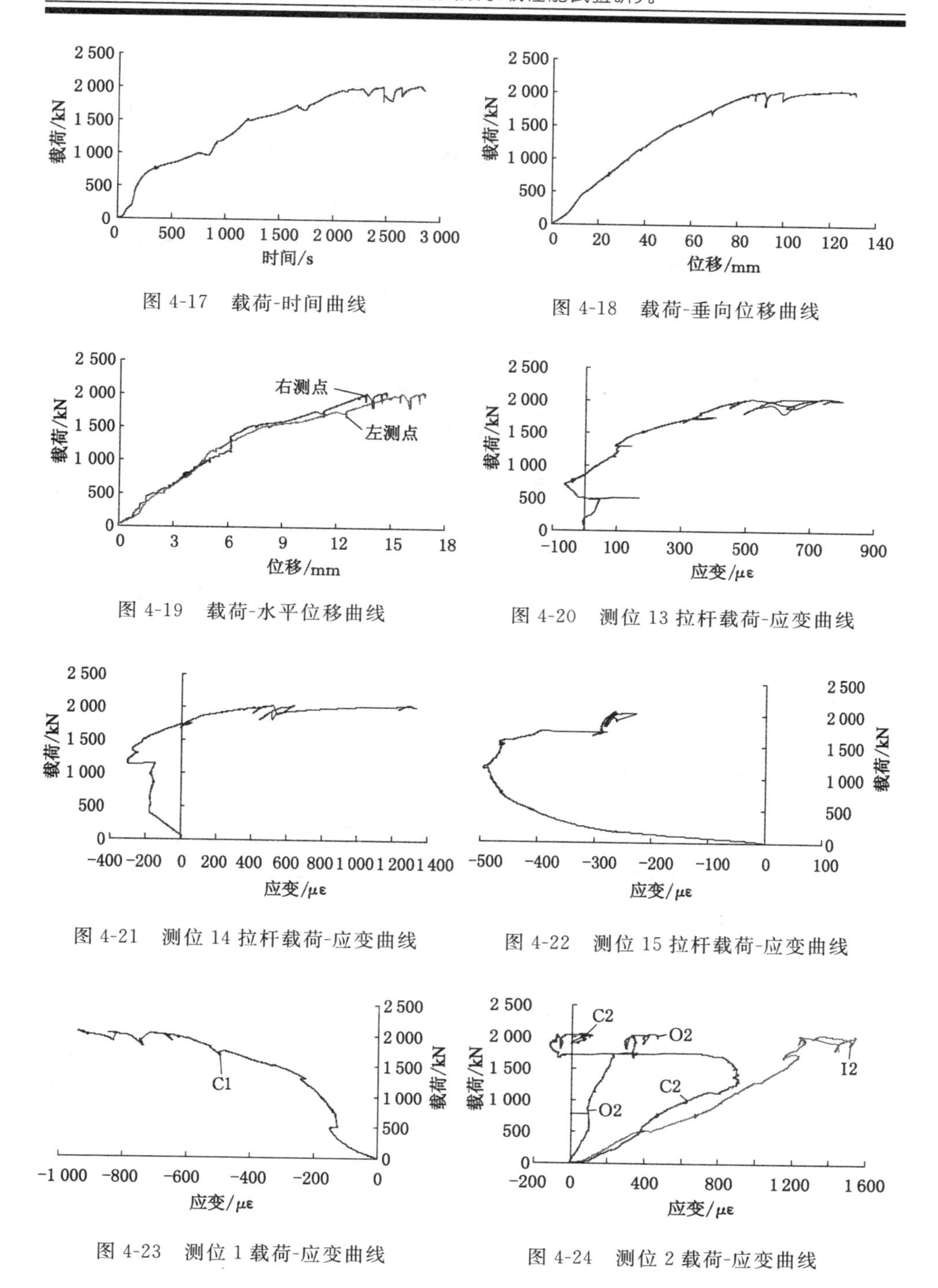

图 4-17　载荷-时间曲线

图 4-18　载荷-垂向位移曲线

图 4-19　载荷-水平位移曲线

图 4-20　测位 13 拉杆载荷-应变曲线

图 4-21　测位 14 拉杆载荷-应变曲线

图 4-22　测位 15 拉杆载荷-应变曲线

图 4-23　测位 1 载荷-应变曲线

图 4-24　测位 2 载荷-应变曲线

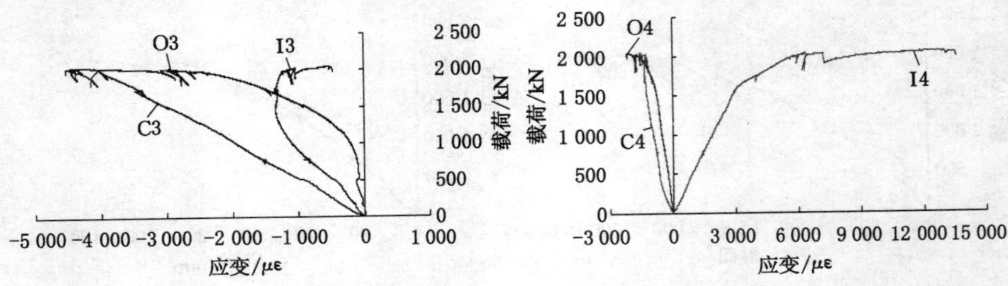

图 4-25　测位 3 载荷-应变曲线

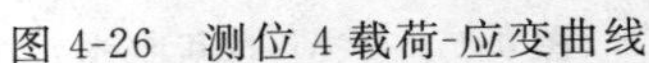
图 4-26　测位 4 载荷-应变曲线

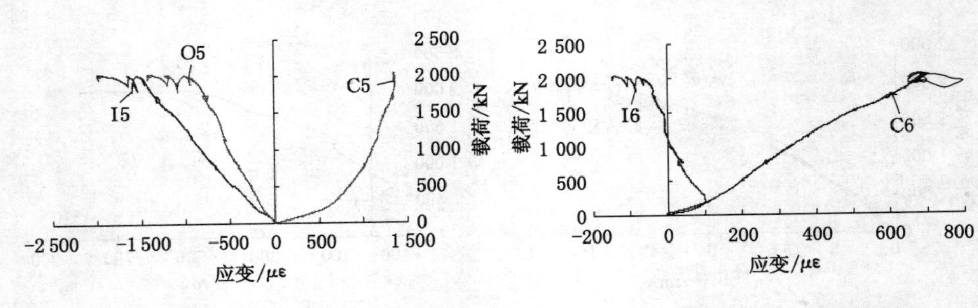

图 4-27　测位 5 载荷-应变曲线

图 4-28　测位 6 载荷-应变曲线

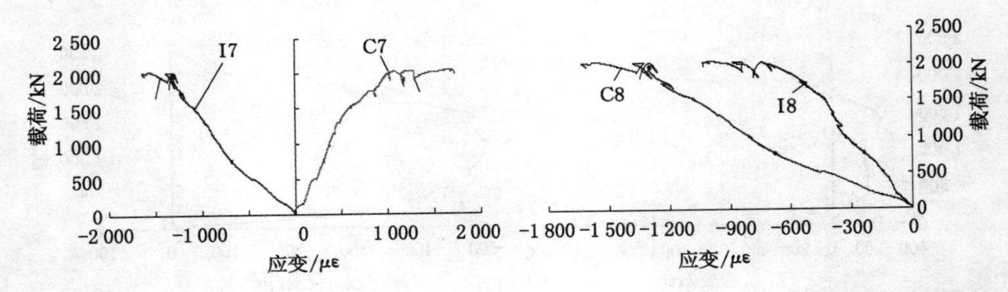

图 4-29　测位 7 载荷-应变曲线

图 4-30　测位 8 载荷-应变曲线

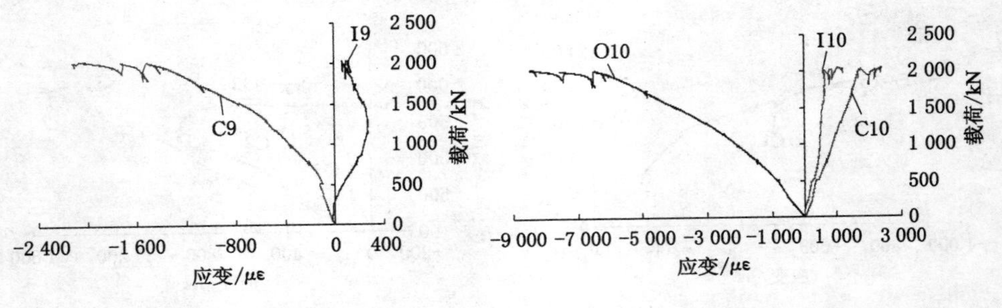

图 4-31　测位 9 载荷-应变曲线

图 4-32　测位 10 载荷-应变曲线

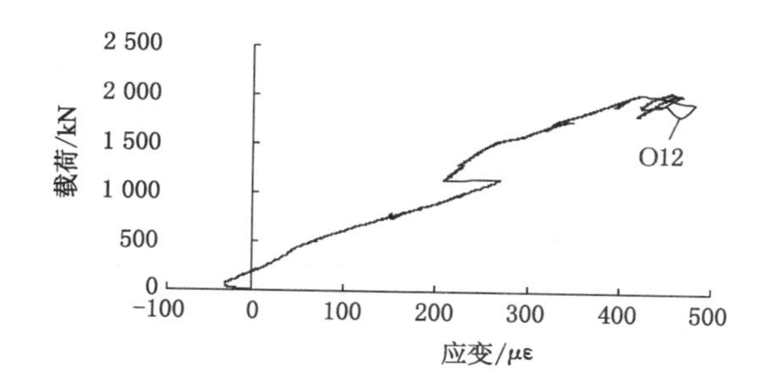

图 4-33　测位 12 载荷-应变曲线

图 4-34　左肩套管处混凝土破坏情况

表 4-2　　**试件各测点应变、应力情况表**

测点	最大位移量/με	终值/με	最大应力/MPa	受拉/受压	弹塑性状态
C1	−1 000	−450	−200	受压	弹性
O2	500	0	100	受拉	弹性
I2	1 600	400	320	受拉	塑性
C2	900	0	180	受拉	弹性
O3	−4 500	−2 200	−900	受压	塑性
I3	−1 200	0	−240	受压	弹性
C3	−4 500	−1 200	−900	受压	塑性
I4	14 000	10 000	2 800	受拉	塑性
O4	−2 000	−800	−400	受压	塑性

续表 4-2

测点	最大位移量/με	终值/με	最大应力/MPa	受拉/受压	弹塑性状态
C4	−1 200	0	−240	受压	弹性
I5	−2 000	−500	−400	受压	塑性
O5	−1 500	−500	−300	受压	塑性
C5	1 400	800	280	受拉	塑性
C6	800	0	160	受拉	弹性
I6	−150	0	−30	受压	弹性
C7	2 000	1 200	400	受拉	塑性
I7	−1 600	−200	−320	受压	塑性
I8	−900	−500	−180	受压	弹性
C8	−1 700	−500	−340	受压	塑性
I9	300	0	60	受拉	弹性
C9	−2 200	−1 000	−440	受压	塑性
I10	1 800	700	360	受拉	塑性
C10	2 500	1 200	500	受拉	塑性
O10	−8 500	−4 500	−1 700	受压	塑性
O12	500	0	100	受拉	弹性

分析图 4-17～图 4-33 可得出以下结论：

(1) ϕ194×8 型钢管混凝土支架试件弹性极限荷载为 2 000 kN，极限荷载为 2 035 kN。

(2) 载荷超过弹性极限荷载后，支架无明显变形破坏，且承载力不降低，试件内核心混凝土已经开始破坏。

(3) 试件在加载过程中无明显变形破坏，试件试验过程可分为 4 个阶段：

① 第一阶段：支架整体压实阶段，在载荷为 0～350 kN 阶段内，垂向位移范围是 0～10 mm。在此阶段内，支架整体、试验平台、加载装置以及固定装置之间相互压实，试件无明显变形。

② 第二阶段：支架整体弹性阶段，载荷大概范围是 350～2 000 kN，垂向位移范围是 10～90 mm。在此阶段内，支架垂向位移与载荷是线性关系，支架整体最大垂向位移为 90 mm，左测点和右测点水平位移分别为 15 mm 和 13 mm，试件无明显变形破坏。

③ 第三阶段：支架整体进入塑性破坏阶段，载荷大概范围是 2 000～2 030 kN，

垂向位移范围是 90～130 mm。在此阶段内，载荷无法增加，保持在 2 000～2 030 kN，垂向位移持续增长，支架整体最大垂向位移为 130 mm，油缸行程有限，开始卸载。

④ 第四阶段：卸荷阶段，载荷逐渐减小，直至为零，在此阶段，部分位移恢复，其中垂向位移恢复近 40 mm，水平位移恢复 6 mm。

(4) 在加载过程中，固定支架两端的三组拉杆均处于弹性状态，载荷消失后，应变都恢复为零。三组拉杆中应变量最大的是测位 14 拉杆，最大应变量约为 1 400 $\mu\varepsilon$，应力为 $\sigma = 1\ 300 \times 10^{-6} \times 200(\text{GPa}) = 260(\text{MPa})$。

(5) 加载过程中，支架试件各部位进入压塑性状态的测点有：O3、C3、O4、I5、O5、I7、C8、C9、O10，进入压塑性状态的测点有：I2、I4、C5、C7、I10、C10，试件的 3、4、5、8、9、10 六个测位处是支架产生破坏变形较大的部位，其中 I4 和 O10 测点的应变量最大，因此支架变形最大的部位是支架的两肩位置，在顶部两端套管下部。

4.3.2　ϕ168×6 型钢管混凝土支架试件试验结果分析

对 ϕ168×8 型钢管混凝土支架试件进行加载试验，通过试验数据分析得出的载荷-时间曲线如图 4-35 所示，载荷-垂向位移曲线和载荷-水平位移曲线分别如图 4-36 和图 4-37 所示，试件加载后支架右肩套管处破坏情况如图 4-38 所示。图 4-35～图 4-36 中曲线均表示卸荷过程对应的曲线。

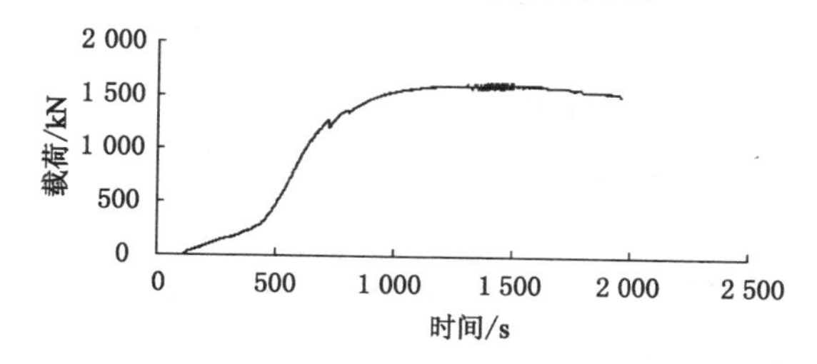

图 4-35　ϕ168×6 支架载荷-时间曲线

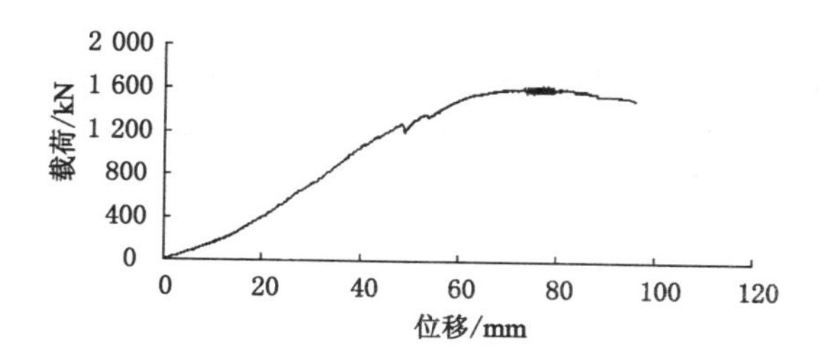

图 4-36　ϕ168×6 支架载荷-垂向位移曲线

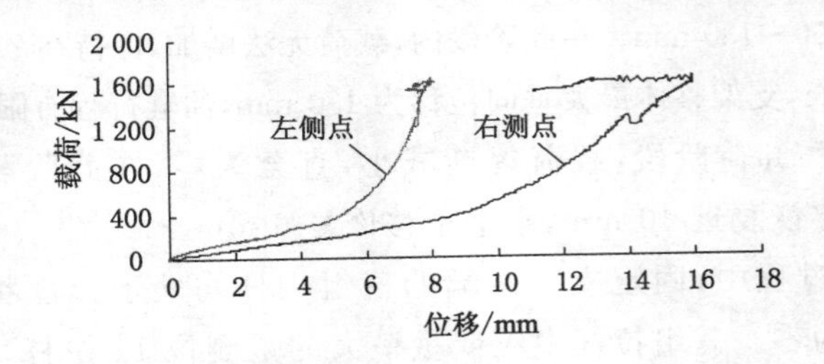

图 4-37　ϕ168×6 支架载荷-水平位移曲线

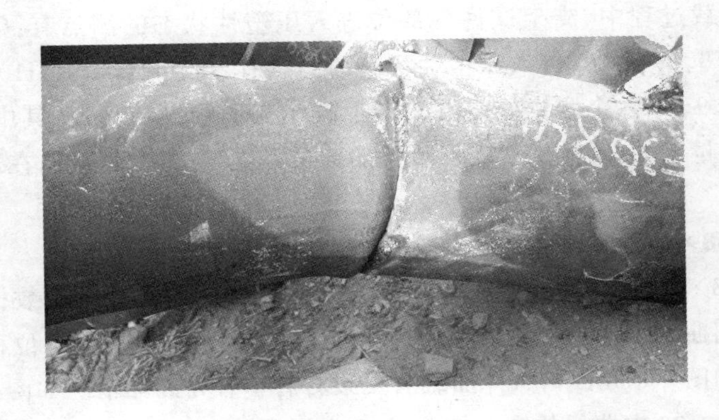

图 4-38　ϕ168×6 型钢管混凝土支架试件右肩套管处产生破坏

分析图 4-35～图 4-38 可得出以下结论：

(1) ϕ168×6 型钢管混凝土支架试件弹性极限荷载为 1 500 kN，极限荷载为 1 600 kN。

(2) 载荷超过弹性极限荷载后，支架两肩部套管处产生破坏，试件内核心混凝土已经开始破坏。

(3)试件试验过程可分为 4 个阶段：① 第一阶段：支架整体压实阶段，大概在载荷为 0～250 kN 阶段内；② 第二阶段：支架整体弹性阶段，载荷大概范围是 250～1 500 kN；③ 第三阶段：支架整体进入塑性破坏阶段，载荷大概范围是 1 500～1 600 kN；④ 第四阶段：卸荷阶段，载荷逐渐减小，直至为零，在此阶段，部分位移恢复，其中垂向位移恢复近 50 mm，水平位移恢复 8 mm。

4.4　小结

本章主要对钢管混凝土支架的承载性能进行了理论分析和实验室试验，通过研究主要得出以下结论：

(1) 推导了钢管混凝土支架的极限承载力 $N_u=\varphi N_0$。通过极限方程推导了钢管混凝土支架的支护反力 $\sigma=\frac{\varphi N_0}{SR}$。

(2) 对 ϕ194×8 和 ϕ168×6 两种型号钢管混凝土支架进行了实验室承载力试验，支架试件形状为浅底拱圆形；支架净断面：宽 4 m、高 3.8 m；由 4 段弧组成：顶弧半径为 2 300 mm，底弧半径为 3 000 mm，两端过渡弧半径为 1 200 mm，通过测试得到：

① ϕ194×8 型钢管混凝土支架试件弹性极限荷载为 2 000 kN，极限荷载为 2 035 kN；ϕ168×6 型钢管混凝土支架试件弹性极限荷载为 1 500 kN，极限荷载为 1 600 kN。

② 支架试件载荷超过弹性极限荷载后，承载力不降低，试件内核心混凝土已经开始破坏。

③ 试件试验过程可分为 4 个阶段：支架整体压实阶段、支架整体弹性阶段、塑性破坏阶段、卸荷阶段。

④ 在加载过程中，固定支架两端的三组拉杆均处于弹性状态。支架变形最大的部位是支架的两肩位置，在顶部两端套管下部。

5 基于不同围岩条件的巷道承压环强化支护理论研究

本章主要分析了软弱岩层中巷道开挖后围岩的应力状态演变，根据围岩强度将围岩分为三种类型，分别建立三类围岩条件下的承压环强化力学模型，对承压环强化范围和方式及力学边界条件进行分析和计算，并采用 $FLAC^{3D}$ 数值模拟软件对承压环强化的作用机理及围岩控制效果进行分析。

地面上的楼房、桥梁等结构体大多为板、梁、柱和壳结构或者是多种结构的组合，它们有以下共同特点：① 各承载体均处于弹性状态；② 其承载结构的几何尺寸参数是确定的，而且是有限的，和非承载体之间有较明显的界限，应用传统的力学理论即可对结构各部位及整体的载荷和承载强度进行相对较精确的计算，在实验室内可以模拟其各种受力状态，以此指导结构体的设计和施工；③ 如果结构体产生失稳破坏，一般破坏过程瞬间完成，这种机构体称为有限承载结构体（简称有限体）。

相比地面上的有限承载结构体而言，地下矿井开采过程中，巷道开挖后，巷道围岩没有明显确定的板、梁、柱和壳结构，且巷道围岩法线方向的受力范围无法确定，与非承载体之间的界限不明显，且多存在于围岩塑性范围内，这是区别于地面上有限结构体的最主要特征。而且，软岩巷道围岩变形呈现出明显的蠕变特性，即变形量随着时间延长而增大，与地面上有限体的失稳形式（瞬间破坏）截然不同。因此，将围岩视为有限承载结构体并应用弹性力学对软岩巷道围岩进行应力和稳定性分析是不可行的，需将巷道围岩视为无限承载结构体，并采用弹塑性力学方法对软岩巷道的围岩应力状态进行分析，这对于分析巷道围岩稳定性和进行针对性的支护设计是有重要意义的。

5.1　软岩巷道围岩变形应力状态分析

一般情况下，巷道围岩的应力环境是非常复杂的，往往受巷道周围岩层层状结构、倾角、各向异性、非线弹性、构造应力、巷道断面形状、巷道围岩自身重力、周围巷道掘进和采煤工作面推进、爆破震动以及水、瓦斯等众多因素的影响。本书仅对理想状态下的软岩巷道围岩应力状态进行分析，因此在分析时对巷道围岩应力环境进行简化，作如下假设：

（1）地下岩石为单一均质，各向同性，理想弹塑性，服从摩尔-库仑准则，如图 5-1 所示；

（2）原岩应力 $\lambda=1$；

（3）巷道断面为轴对称圆形，巷道轴线长度无限长，不考虑巷道端头的影响；

（4）巷道埋深 $H>20R_0$，巷道影响范围内围岩重力不考虑；

（5）不考虑巷道影响范围外围岩应力的变化，为静力学分析。

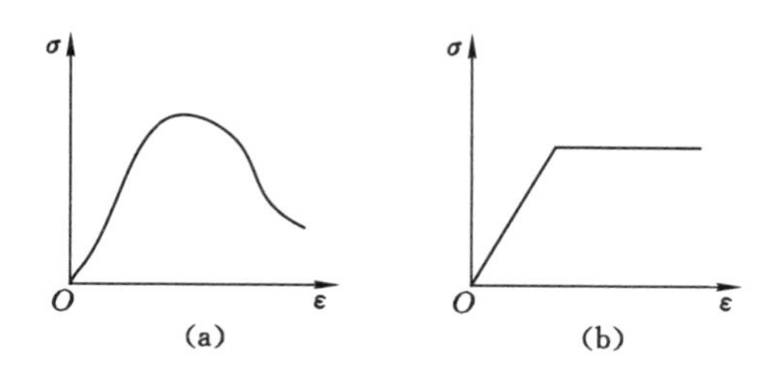

图 5-1　岩石弹塑性应力-应变曲线

(a) 岩石全程应力-应变曲线；(b) 理想弹塑性应力-应变曲线

5.1.1　弹性应力状态分析

巷道开挖前，岩体处于初始应力平衡状态，各部位单元块体处于三向应力状态，此时，$\sigma_1=\sigma_2=\sigma_3=P_0=\gamma h$。巷道开挖后，围岩原有应力平衡状态被破坏，巷道围岩产生应力集中，巷道法线方向周边岩体应力状态由原来的三向应力状态转为二向应力状态，应力进行重新分布。沿着巷道法线方向向围岩内部逐渐由二向应力状态向三向应力状态恢复，直至处于初始应力状态，巷道开挖后围岩处于弹性状态时的围岩应力分布状态如图 5-2 所示。

运用解析法分析，可得平衡方程、几何方程和本构方程[146,147]如下：

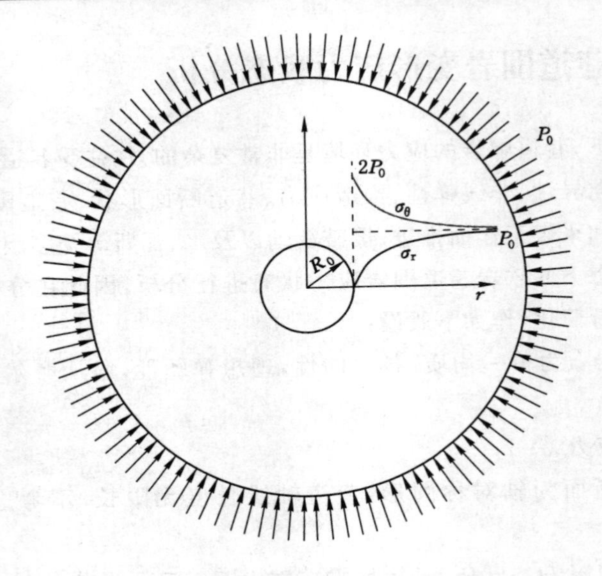

图 5-2　巷道开挖后围岩弹性应力状态下应力分布

$$\begin{cases}\dfrac{d\sigma_r}{dr}+\dfrac{\sigma_r-\sigma_\theta}{r}=0\\[2ex]\varepsilon_r=\dfrac{du}{dr}\\[2ex]\varepsilon_\theta=\dfrac{u}{r}\\[2ex]\varepsilon_r=\dfrac{1-\nu^2}{E}(\sigma_r-\dfrac{\gamma}{1-\nu}\sigma_\theta)\\[2ex]\varepsilon_\theta=\dfrac{1-\nu^2}{E}(\sigma_\theta-\dfrac{\gamma}{1-\nu}\sigma_r)\end{cases}\tag{5-1}$$

式中　r,θ——任一点的极坐标；

σ_r——径向应力，MPa；

σ_θ——切向应力，MPa；

ε_r——径向应变；

ε_θ——切向应变；

E——弹性模量，MPa；

u——变形量，m；

γ——围岩容重，kN/m³；

ν——泊松比。

在巷道围岩未支护条件下，巷道表面，即 $r=R_0$，$\sigma_r=0$；在巷道开挖影响围岩范围以外，$r\to\infty$，$\sigma_r=P_0$。通过式(5-1)可得：

$$\begin{cases}\sigma_r=P_0(1-\dfrac{R_0^2}{r^2})\\\sigma_\theta=P_0(1+\dfrac{R_0^2}{r^2})\end{cases}\tag{5-2}$$

在巷道表面处 $r=R_0$，切向应力 $\sigma_\theta=2P_0=2\gamma h$，径向应力 $\sigma_r=0$。巷道表面围岩围压消失，岩石单元体处于单轴压缩状态，此时若巷道围岩单轴抗压强度 $\sigma_c\geqslant 2P_0$，则巷道表面围岩处于弹性状态，围岩稳定，围岩应力状态即处于图 5-2 所示状态；若 $\sigma_c<2P_0$，则巷道表面围岩破坏，进入塑性状态。在软岩条件下，巷道开挖后巷道围岩应力必然超过岩体本身的弹性极限，因此巷道全部或部分范围内围岩必然处于塑性状态下。

5.1.2 弹塑性应力状态分析

当 $\sigma_c<2P_0$ 时，巷道表面的围岩产生破坏，进入塑性状态，承载能力虽然降低，但其仍有一定残余强度 $\sigma_\theta=\sigma_c$，应力峰值向巷道围岩外部转移。随着径向应力 σ_r 增大，使得岩石处于三向应力状态，在对应应力峰值处，即当 $r=R_p$（R_p 为塑性区半径，m）时达到平衡状态，如图 5-3 所示。

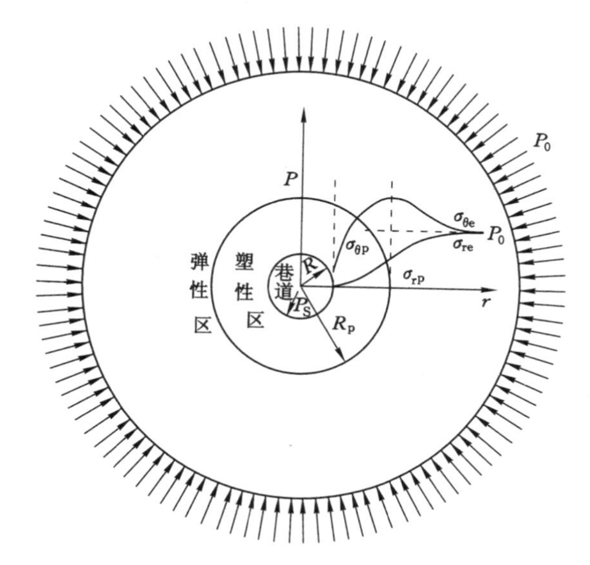

图 5-3 巷道开挖后围岩弹塑性应力状态下应力分布

在 $r=R_p$ 处为巷道围岩弹性状态和塑性状态的分界线，此处岩石单元体处于 $\sigma_2=\sigma_3=P_0=\gamma h$ 的弹性极限强度状态，由摩尔-库仑准则：

$$\sigma_1=\frac{1+\sin\varphi}{1-\sin\varphi}\sigma_3+\frac{2c\cos\varphi}{1-\sin\varphi}=\sigma_3\tan^2\theta+\sigma_c \tag{5-3}$$

其中：

$$\theta=\frac{\pi}{4}+\frac{\varphi}{2}$$

可知此处岩石强度为：

$$\sigma_1=\frac{1+\sin\varphi}{1-\sin\varphi}P_0+\sigma_c$$

极坐标轴对称平衡方程为：

$$r\frac{d\sigma_r}{dr}+\sigma_r-\sigma_\theta=0 \tag{5-4}$$

由摩尔-库仑准则：

$$\sigma_\theta=\frac{1+\sin\varphi}{1-\sin\varphi}\sigma_r+\frac{2c\cos\varphi}{1-\sin\varphi} \tag{5-5}$$

弹性区：外边界为：$r\rightarrow\infty$，$\sigma_r=\sigma_\theta=P_0$，内边界为：$r=R_p$。

塑性区：内边界为：$r=R_0$，外边界为：$r=R_p$。在内边界处：$\begin{cases}\sigma_r=0\\ \sigma_\theta=\sigma_c\end{cases}$，在外边界处：$\begin{cases}\sigma_r^p=\sigma_r^e\\ \sigma_\theta^p=\sigma_\theta^e\end{cases}$。

将其代入式(5-4)和式(5-5)得：

$$\begin{cases}\sigma_r^e=P_0-(c\cos\varphi+P_0\sin\varphi)\left[\dfrac{(P_0+c\cot\varphi)(1-\sin\varphi)}{c\cot\varphi}\right]^{\frac{1-\sin\varphi}{\sin\varphi}}\left(\dfrac{R_0}{r}\right)^2\\ \sigma_\theta^e=P_0+(c\cos\varphi+P_0\sin\varphi)\left[\dfrac{(P_0+c\cot\varphi)(1-\sin\varphi)}{c\cot\varphi}\right]^{\frac{1-\sin\varphi}{\sin\varphi}}\left(\dfrac{R_0}{r}\right)^2\end{cases} \tag{5-6}$$

$$R_p=R_0\left[\frac{(P_0+c\cot\varphi)(1-\sin\varphi)}{c\cot\varphi}\right]^{\frac{1-\sin\varphi}{2\sin\varphi}} \tag{5-7}$$

$$\begin{cases}\sigma_r^p=c\cot\varphi\left[\left(\dfrac{r}{R_0}\right)^{\frac{2\sin\varphi}{1-\sin\varphi}}-1\right]\\ \sigma_\theta^p=c\cot\varphi\left[\dfrac{1+\sin\varphi}{1-\sin\varphi}\left(\dfrac{r}{R_0}\right)^{\frac{2\sin\varphi}{1-\sin\varphi}}-1\right]\end{cases} \tag{5-8}$$

可见塑性区半径 R_p 的大小与巷道半径 R_0 成正比，与内摩擦角 φ 和黏聚力 c 成反比，与初始应力 P_0 成正比，即与巷道埋深成正比。塑性区切向力 σ_θ^p 和径向力 σ_r^p 与巷道半径 R_0 成反比，与内摩擦角 φ 和黏聚力 c 成正比，而与初始应力 P_0 无关。

在支护力为 σ_i 状态下：

$$\begin{cases}\sigma_r^e = P_0 - (c\cos\varphi + P_0\sin\varphi)\left[\dfrac{(P_0 + c\cot\varphi)(1-\sin\varphi)}{\sigma_i + c\cot\varphi}\right]^{\frac{1-\sin\varphi}{\sin\varphi}}\left(\dfrac{R_0}{r}\right)^2 \\ \sigma_\theta^e = P_0 + (c\cos\varphi + P_0\sin\varphi)\left[\dfrac{(P_0 + c\cot\varphi)(1-\sin\varphi)}{\sigma_i + c\cot\varphi}\right]^{\frac{1-\sin\varphi}{\sin\varphi}}\left(\dfrac{R_0}{r}\right)^2\end{cases} \tag{5-9}$$

$$R_p = R_0\left[\frac{(P_0 + c\cot\varphi)(1-\sin\varphi)}{\sigma_i + c\cot\varphi}\right]^{\frac{1-\sin\varphi}{2\sin\varphi}} \tag{5-10}$$

$$\begin{cases}\sigma_r^p = (\sigma_i + c\cot\varphi)\left[\left(\dfrac{r}{R_0}\right)^{\frac{2\sin\varphi}{1-\sin\varphi}} - 1\right] \\ \sigma_\theta^p = (\sigma_i + c\cot\varphi)\left[\dfrac{1+\sin\varphi}{1-\sin\varphi}\left(\dfrac{r}{R_0}\right)^{\frac{2\sin\varphi}{1-\sin\varphi}} - 1\right]\end{cases} \tag{5-11}$$

可见，塑性区半径 R_p 的大小与支护力 σ_i 成反比，即增加支护力，可有效减小塑性区范围。因此，为提高巷道稳定性，应尽可能增大支护力 σ_i，减小巷道半径 R_0，提高围岩内摩擦角 φ 和黏聚力 c。

5.2 软岩巷道承压环强化支护理论概述及研究进展

中国矿业大学(北京)高延法教授于 2010 年首次提出“承压环”的概念，在以后的研究过程中逐步形成了软岩巷道承压环强化支护理论的总体思路：

(1) 软岩巷道围岩自身强度较低，自身承载能力有限，围岩承受载荷大，需提高巷道围岩强度以提高其自身承载能力。

(2) 钢管混凝土支架支护、锚网喷支护、围岩注浆以及修筑钢筋混凝土碹体等支护技术能在巷道围岩内形成“承压环”，由承压环控制其外部巷道围岩的变形破坏，并改善围岩应力状态，如图 5-4 所示。

(3) “承压环”是封闭的环状承压结构，通过承压环的作用能够有效抑制巷道底鼓和两帮变形。

(4) 一般情况下需要采取复合支护措施对承压环进行强化。

李学彬[130]在高延法教授提出的承压环强化支护理论基础上，建立了承压环强化力学模型，结合锚网喷支护、注浆支护和钢管混凝土支架支护，确立了承压环强化支护的几何厚度和力学边界条件，如图 5-5 所示，并给出了判定巷道稳定性的理论判据。

承压环几何厚度为：

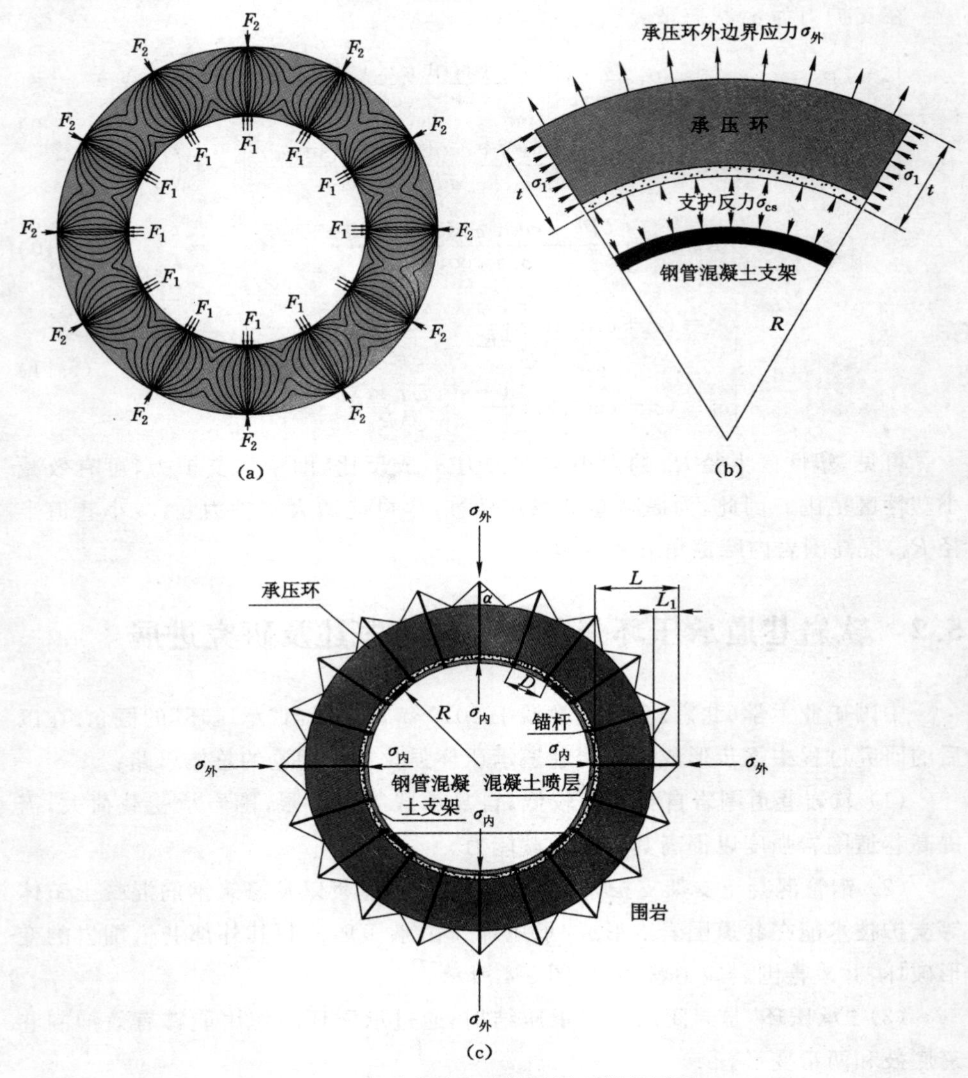

图 5-4　各种支护方式的承压环强化原理

(a) 锚杆支护；(b) 钢管混凝土支架支护；(c) 复合支护

$$t=L-\frac{D}{2}\cdot\frac{R+L}{R}\cot\alpha_1+S \tag{5-12}$$

式中　t——承压环的厚度，m；

L——锚杆锚固深度，m；

D——锚杆间距，m；

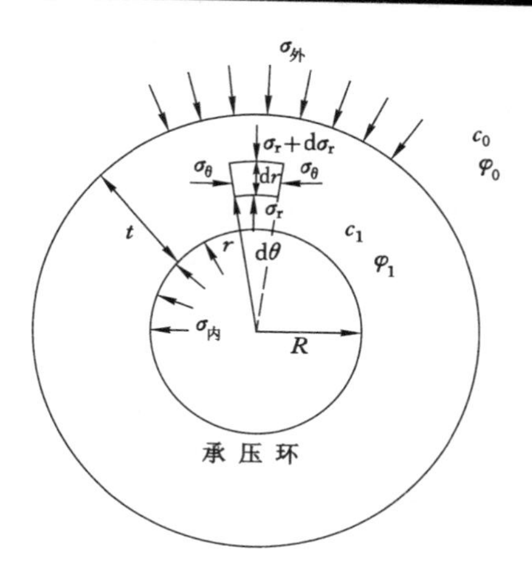

图 5-5 承压环受力计算简图[130]

R——巷道半径，m；

S——喷层厚度，m；

α_1——锚杆外端压缩锥的锥角，$\alpha_1=45°+\dfrac{\varphi_1}{2}$；

φ——锚固外端承压环内岩体的内摩擦角。

力学边界条件：

$$\sigma_{外}=(\sigma_{内}+c\cot\varphi)\left(\frac{R+t}{R}\right)^{\xi-1}-c\cot\varphi) \tag{5-13}$$

巷道稳定判定条件：

$$\sigma_{CS}+c\cot\varphi\left[1-\left(\frac{R}{R_p}\right)^{\xi-1}\right]+\frac{F_{cable}}{D^2}\left[1-\frac{R}{R+L}\left(\frac{R}{R+t}\right)^{\xi-1}\right]\geqslant P_0(1-\sin\varphi)\left(\frac{R}{R_p}\right)^{\xi-1} \tag{5-14}$$

式中 R_p——塑性区半径，m；

P_0——初始地应力，MPa；

σ_{CS}——钢管混凝土支架支护强度，MPa；

F_{cable}——锚杆锚固力，kN；

L——锚杆锚固深度，m；

D——锚杆间距，m；

$\xi=\dfrac{1+\sin\varphi}{1-\sin\varphi}$。

通过数值模拟对 3 种支护方式在维持巷道稳定方面的作用及对巷道围岩的强化作用进行了分析,结果见表 5-1。

本书主要在上述研究基础上,根据高延法教授的理论思想,并在高教授指导下对承压环强化支护理论进行进一步的研究。对巷道围岩进行分类,针对不同的巷道围岩应采取不同形式的强化承压环,并具体分析各种承压环强化形式、几何参数和力学边界条件。

表 5-1　圆形软岩巷道围岩的稳定性分析[130]

支护方式	应力降低区厚度 /m	巷道表面最大位移量 /mm	锚杆拉力 /kN	钢管混凝土支架轴力 /kN	强化应力极值 /MPa	稳定性评价
无支护	5.5	901	/	/	/	不稳定
锚网喷支护	2.75	288.6	屈服	/	7.57	不稳定
锚网喷注支护	2.41	237.9	屈服	/	8.10	不稳定
锚网喷注架支护	2.35	220.9	110.8	2 540	8.77	稳定

5.3　承压环强化力学模型

为简化承压环强化力学模型分析条件,作如下假设:

(1) 地下岩石为均质,各向同性,理想弹塑性,服从摩尔-库仑准则;

(2) 原岩应力为静水压力,即 $\lambda=1$;

(3) 巷道断面为轴对称圆形,巷道轴线长度无限长,不考虑巷道端头的影响;

(4) 巷道埋深 $H>20R_0$。

5.3.1　巷道围岩分类

5.3.1.1　分类依据

目前巷道支护的主要技术有:锚杆支护、围岩注浆、构筑碹体和支架支护等。其中锚杆支护技术具有施工简单快速、施工配套设备齐全、经济性好的优点,使得锚杆支护技术应用最为广泛和普遍。围岩注浆加固技术主要是通过所注浆体的黏结加固作用使得围岩力学参数提升,但由于施工速度相对较慢,且价格高使得该技术应用相对较少。围岩注浆技术使用时注浆的范围有限,且注浆后对围岩力学参数的提升也有限。支架支护是指通过钢管混凝土支架或金属支架对围岩提供支护反力来控制围岩变形破坏，其支护效果主要取决于所提供的有效支护反力的大小，价格相对较高。构筑碹体的支护作用与支架作用类似。围岩注浆、构筑碹体和支架支护往往配合锚杆支护技术使用。

由于锚杆技术的突出优点，在进行巷道围岩支护设计时应首选锚杆支护技术，但锚杆支护技术并不是在所有工程地质条件下都能取得较好的效果。在巷道围岩进行锚杆支护时，巷道围岩的作用主要有两点：围岩自身的承载能力和为锚杆提供着力点，这两种作用相互影响。在锚杆支护技术不能提供足够锚固力时，应采用其他支护技术对围岩进行控制。因此，在研究承压环强化支护理论时应针对不同的巷道围岩条件，对应采取不同的支护措施对围岩承压环强化力学模型、强化机理和效果进行具体分析。

5.3.1.2 围岩可锚性分析

锚杆支护的悬吊理论认为锚杆支护的作用是将顶板下部不稳定的岩层悬吊在上部稳定的岩层中；组合梁理论认为锚杆提供的轴向力将对岩层离层产生约束，增大了各层间的摩擦力，与杆体提供的抗剪力共同阻止岩层间产生相对滑动；加固拱理论认为锚杆形成的压应力圆锥体互相叠加，能在岩体内产生一个均匀压缩带，可以承受上部破碎岩石的载荷。最大水平应力理论认为锚杆的作用是抑制岩层沿锚杆轴向膨胀和垂直于轴向剪切错动。围岩强度强化理论认为锚杆支护实质是锚杆与锚固区岩体相互作用形成锚固体，形成统一承载结构，锚杆可提高锚固体力学参数，改变围岩应力状态[148-151]。

总体而言，锚杆支护的主要作用在于控制锚固区围岩的离层、滑动、裂隙张开、新裂纹产生扩容等变形与破坏，使围岩处于三向受压状态，抑制围岩出现弯曲变形、拉伸与剪切破坏，最大限度保持锚固区围岩完整性，减少锚固区围岩破坏，提高围岩承载能力；并在锚固区内形成刚度较大的预应力承载结构，阻止锚固区外岩层产生离层，同时改善围岩深部应力分布状态[49,51-53,149]。

可锚性一般用锚杆可提供的最大锚固力来衡量。锚杆是由锚固剂端和托盘端两端施加的一对平衡力来加固围岩，托盘端靠螺母提供紧固力，锚固端靠锚固剂和围岩的黏着力提供紧固力。当围岩自身强度弱时，一方面，锚固端不能提供有效的着力点，即使锚固剂黏结强度高，但是锚固剂外围岩强度低，锚固剂锚固的围岩和未锚固围岩间可产生拉破坏和剪切破坏，因此可提供的锚固力小。另一方面，围岩强度低，围岩塑性范围大，甚至全部围岩处于塑性或潜塑性状态，锚杆长度有限，因此锚固的围岩范围相对很小，而锚固范围外的围岩变形破坏范围和力量很大，使得锚固范围随锚固范围外变形而变形。第三，锚杆的作用是加强和恢复塑性区破坏围岩强度，围岩自身强度低，即使围岩强度完全恢复，其强度仍很低，因此锚固范围围岩提供的承载力小。

根据锚杆锚固长度不同可以分为端部锚固和全长锚固。端部锚固锚杆沿长轴方向锚固拉力均匀分布，锚杆体的应力和应变基本一致，而全长锚固锚杆的应力、应变各部位不相同，锚杆长轴方向轴力示意如图 5-6 所示。

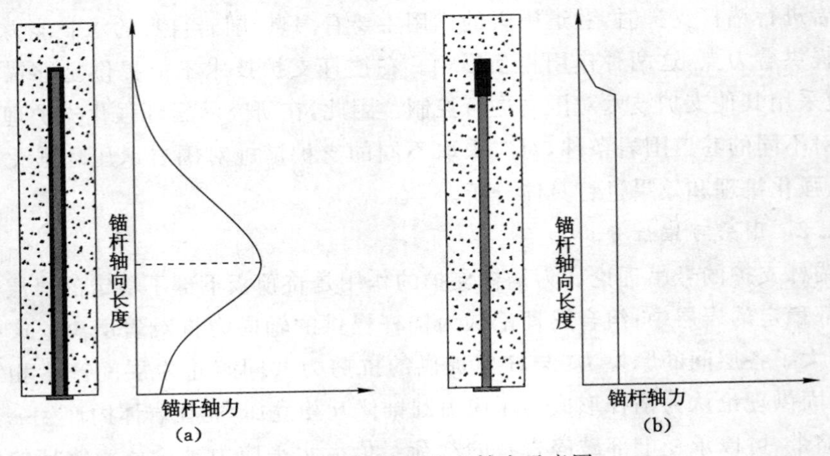

图 5-6　锚杆长轴方向轴力示意图

(a) 全长锚固；(b) 端部锚固

文献[152]指出：巷道围岩为中硬岩时，锚固长度达到锚杆直径的 15 倍时，增加锚固长度无法提高锚杆的抗拔力；巷道围岩为软岩时，剪应力沿锚杆全长均匀分布，抗拉拔力与锚固长度成正比。可见，锚杆全长锚固时的锚固力≥端头锚固的锚固力。因此，本书按锚杆支护可提供的最大锚固力计算，即全长锚固时的锚固力。

根据王明恕教授提出的全长锚固中性点理论[153-157]，全长锚固锚杆是靠锚杆与孔壁岩石之间的黏结(包括摩擦)剪应力来提供锚固力并阻止岩石向自由面变形的。对于靠近巷道空间的一段锚杆，由于锚杆阻止围岩径向变形，锚杆表面产生指向巷道空间自由面的剪应力。由于围岩内部的另一段锚杆受前一段的拉拔作用，因此，锚杆表面的剪应力指向巷道空间的反方向。指向相反的分界点，即为锚杆与孔壁岩石相对位移为零的中性点。

当锚杆处于塑性区时：

$$L_{中}=\frac{L}{\ln\frac{L+R_0}{R_0}}-R_0 \tag{5-15}$$

式中 $L_{中}$——锚杆中性点以外至巷道表面的长度,m;

L——锚杆长度,m;

R_0——巷道断面半径,m。

当锚杆处于弹塑性区时:

$$L_{中}=\frac{A_1 L}{A_1 \ln \dfrac{R_p}{R_0}+A_2 \ln \dfrac{R_0+L}{R_p}}-R_0 \tag{5-16}$$

式中 R_p——塑性区半径,m;

A_1,A_2——系数,取值如下:

$$\begin{cases} 塑性区:A_1=\dfrac{1+\mu}{E}R_p^2(P_0\sin\varphi+c\cos\varphi) \\ 弹性区:A_2=\dfrac{1+\mu}{E}R_p^2(P_0+\sigma_r) \end{cases}$$

单独一根锚杆的最大锚固力 F 为:

$$F=K\min\{\tau_1,\tau_2,\tau_3,\tau_4\}D\pi L_{中} \tag{5-17}$$

式中 F——锚杆的最大锚固力,kN;

K——锚杆剪应力分布系数,$K=0.5\sim1$,岩石越软则 K 值越大;

D——锚杆直径,m;

τ_1——锚杆与锚固剂间的黏结强度,MPa;

τ_2——锚固剂的剪切强度,MPa;

τ_3——锚固剂与围岩间的剪切强度,MPa;

τ_4——围岩的剪切强度,MPa;

$L_{中}$——中心点以外锚杆的锚固长度,m。

其中,τ_1、τ_2、τ_3 取值见表 5-2。

表 5-2　锚固力参数取值表

锚固形式	锚杆与锚固剂间的黏结强度 τ_1/MPa	锚固剂的剪切强度 τ_2/MPa	锚固剂与围岩间的剪切强度 τ_3/MPa
树脂锚固	圆钢:6.73～16.7 螺纹钢:16.7～26.4	≥35	5～16
水泥锚固	圆钢:5 螺纹钢:10	15～20	3～4

τ_4 可由摩尔-库仑定理求得：$\tau_4=\dfrac{1-\sin\varphi}{2\cos\varphi}\sigma_c$，当 $\sigma_c<10$ MPa 时，按 $\varphi=30°$ 计算，$\tau_4=\dfrac{1-\sin\varphi}{2\cos\varphi}\sigma_c<2.89$ MPa，可知：$\min\{\tau_1,\tau_2,\tau_3,\tau_4\}=\tau_4$，代入式(5-17)得：

$$F=K\tau_4 D\pi L_{中}$$

假设1：巷道断面半径 $R_0=2\ 200$ mm，围岩强度 $\sigma_c=10$ MPa，$\varphi=30°$，锚杆长度 $L=2\ 200$ mm，杆体材质为螺纹钢，直径 $D=20$ mm，采用树脂锚固剂全长锚固，锚杆中性点以外锚固长度 $L_{中}$ 由式(5-15)得：$L_{中}=980$ mm，取 K 的最大值，即 $K=1$，锚杆间排距均为800 mm。

则计算得出：锚固力 $F=177.8$ kN，对围岩应力 $\sigma_m=0.069$ MPa。

假设2：巷道断面半径 $R_0=2\ 200$ mm，围岩强度 $\sigma_c=40$ MPa，$\varphi=36°$，锚杆长度为 $L=2\ 200$ mm，杆体材质为螺纹钢，直径 $D=20$ mm，采用树脂锚固剂全长锚固，锚杆中性点以外锚固长度 $L_{中}$ 由式(5-15)得：$L_{中}=980$ mm，取 $K=0.8$，锚杆间排距均为800 mm。

则：$\tau_4=\dfrac{1-\sin\varphi}{2\cos\varphi}\sigma_c=14.4$ MPa，取 $\min\{\tau_1,\tau_2,\tau_3,\tau_4\}=\tau_4=14.4$ MPa，则锚固力 $F=709.1$ kN。

对比假设1和假设2条件下计算得出的锚杆锚固力数值可知，只改变围岩性质，锚固力的大小相差很大，巷道围岩为软岩或极软岩时，围岩自身强度较低，锚杆支护锚固力低，围岩加固效果有限，无法控制围岩变形。

5.3.1.3 不同类型围岩下的承压环强化方式

根据围岩自身强度，将围岩分为三类，分别对其承压环强化力学模型进行分析。

(1) 中硬围岩：$\sigma_c>30$ MPa。在此状态下，围岩自身强度较高，塑性范围相对较小，锚杆可提供较高锚固力，可有效提高围岩塑性区强度。一般采用锚杆支护巷道围岩即可稳定。此条件下，需在巷道围岩内通过锚杆锚固强化承压环。

(2) 软弱围岩：10 MPa$<\sigma_c<$30 MPa，围岩自身强度较低，塑性范围相对较大，锚杆可提供一定锚固力，对提高锚固区围岩强度有一定效果，但难以控制塑性范围的发展和塑性范围岩石产生位移和破坏。除采用锚杆支护和围岩注浆对围岩进行加固外，还需要在巷道开挖空间内支设钢管混凝土支架对围岩进行控制。此条件下，承压环强化范围和方式为：巷道围岩内锚杆锚固围岩(注浆加固围岩)和巷道开挖空间内安装钢管混凝土支架。

(3) 极软弱围岩：$\sigma_c<10$ MPa，围岩自身强度极低，塑性范围很大，塑性区向

巷道内位移和破坏的力很大，而锚杆锚固效果很差，无法有效提高锚固范围围岩的承载强度，锚杆支护无法有效控制围岩。需要在巷道空间内安设钢管混凝土支架和构筑混凝土碹体以重新构建可提供高支护反力的强化承压环，以保持巷道围岩稳定。此条件下，承压环强化范围和方式为：巷道空间内的钢管混凝土支架和混凝土碹体。

5.3.2 中硬围岩条件下围岩内承压环强化力学模型

当围岩强度 $\sigma_c>30$ MPa 时，围岩强度较高，应充分发挥围岩自身的承载能力，在巷道围岩内建立承压环。此条件下，巷道开挖后，围岩可能有两种应力状态——弹性和弹塑性。

5.3.2.1 围岩处于弹性状态时

当 $\sigma_c \geqslant 2P_0=2\gamma h$ 时，围岩处于弹性状态，即使在未支护条件下，即支护力 $P_1=0$，围岩自身也不发生塑性变形和破坏，此时围岩内应力可按式(5-2)求解，即：

$$\begin{cases}\sigma_r = P_0\left(1-\dfrac{R_0^2}{r^2}\right)\\[2ex] \sigma_\theta = P_0\left(1+\dfrac{R_0^2}{r^2}\right)\end{cases}$$

此时，巷道围岩应力状态如图 5-7 所示，此状态下无需进行承压环强化即可保持围岩稳定。

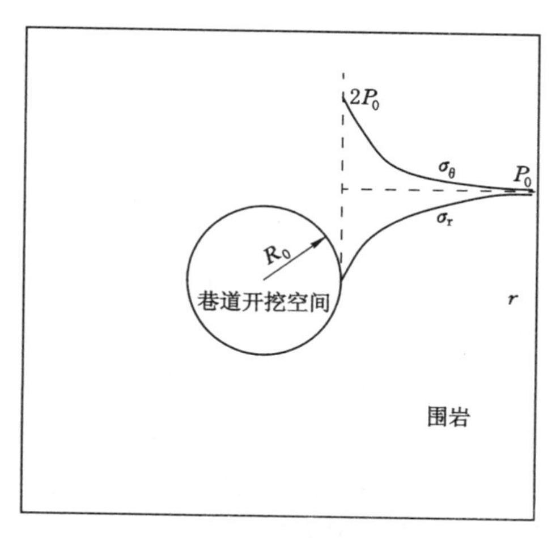

图 5-7 围岩处于弹性未支护状态下的应力状态

巷道开挖后在未采取任何支护措施情况下，全部围岩处于弹性状态的情况是比较少见的，因为即使岩石单轴抗压强度 $\sigma_c \geqslant 2P_0 = 2\gamma h$，但巷道围岩中受构造和节理的影响，巷道围岩实际强度远小于单轴抗压强度，需要对围岩进行锚固支护。

5.3.2.2　围岩处于弹塑性状态下承压环力学模型

当 30 MPa$\leqslant \sigma_c \leqslant 2P_0 = 2\gamma h$ 时，巷道表面到应力峰值前围岩将处于塑性状态，应力峰值后围岩处于弹性状态，需要在巷道围岩内进行承压环强化。承压环强化参数包括承压环强化几何边界及厚度、承压环强化的边界力学条件、巷道稳定性判据等。中硬围岩状态下承压环强化力学模型如图 5-8 所示。

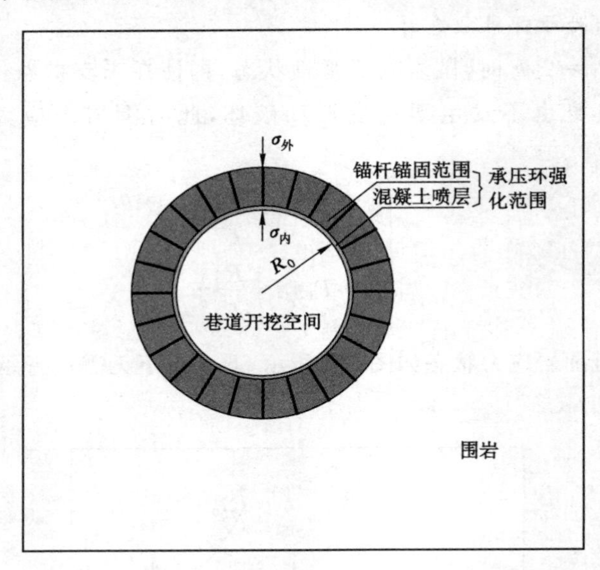

图 5-8　中硬围岩状态下承压环强化力学模型

承压环强化范围：在锚喷支护条件下，锚杆和锚固岩体相互作用结合形成锚固体，可提高锚固范围巷道围岩的力学参数（弹性模量 E、黏聚力 c、内摩擦角 φ），另外可以提高锚固岩体的围压，改善围岩应力状态，使其提高自身承载能力，锚固范围即是承压环强化范围，最大锚固范围即为承压环强化范围的外边界，内边界为巷道表面，即混凝土喷层。因此，承压环强化的范围是：以混凝土喷层为内边界，以锚杆锚固的最大范围为外边界的圆环，其厚度为：

$$t = L_{锚} + S \tag{5-18}$$

式中　t——承压环强化范围，m；

$L_{锚}$——锚杆锚固范围，m；

S——混凝土喷层厚度，m。

如果巷道围岩较破碎，需要对巷道围岩进行注浆加固。注浆加固的作用主要是浆液充填并黏结围岩内破裂面，固结破碎岩体，使围岩形成整体，提高承载性能；注浆一般通过注浆锚杆进行，同时可提高锚杆的锚固效果。这种情况下，注浆的范围 $L_{注}$ 即是承压环强化范围的外边界，如图 5-9 所示。

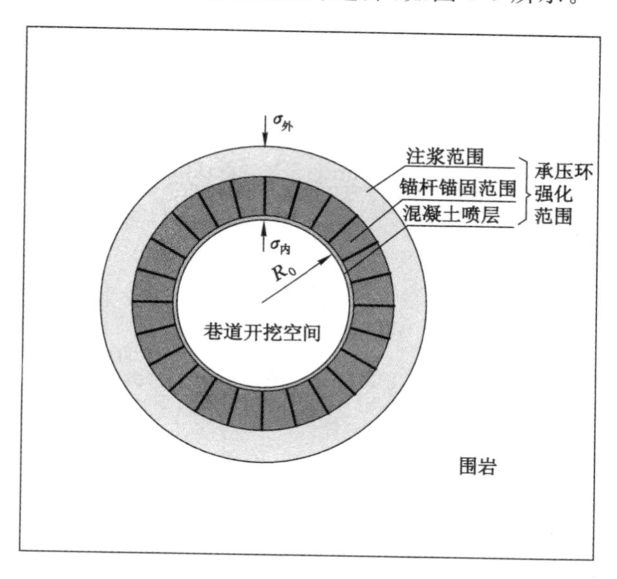

图 5-9 中硬围岩状态下注浆加固时的承压环强化力学模型

可得中硬围岩条件下的承压环强化范围为：

$$\begin{cases} t=L_{锚}+S & 锚喷支护 \\ t=L_{注}+S & 锚喷注浆支护 \end{cases} \tag{5-19}$$

承压环强化范围的内边界作用力为锚杆托盘通过杆体和锚固剂提供的径向轴力 σ_{m1} 和混凝土喷层的支护力 $\sigma_{喷}$，由于混凝土喷层主要起到封闭围岩、防止围岩风化和遇水软化或膨胀的作用，其支护力相对较小，可忽略不计。即：

$$\sigma_{内}=\sigma_{m1}=\frac{F_{cable}}{D^2}$$

承压环强化范围的外边界处岩石应力状态有两种——弹性和塑性。当承压环外边界处于弹性状态时，作用在承压环外边界的径向力为锚杆锚固端提供的径向作用力 σ_{m2}，即：$\sigma_{内}=\sigma_{m1}=\sigma_{m2}=\sigma_{外}$。

当承压环强化范围外边界处于塑性状态时，作用在承压环外边界的径向力有：承压环强化范围外部巷道围岩塑性变形对承压环强化范围外边界产生的径向作用力 σ_{i} 和锚杆锚固端产生的径向作用力 σ_{m2}，即：

$$\sigma_{外}=\sigma_{\mathrm{i}}+\sigma_{\mathrm{m2}}=\sigma_{\mathrm{i}}+\frac{F_{\mathrm{cable}}R_0}{D^2(R_0+L)} \tag{5-20}$$

式中　L——承压环强化范围减去混凝土喷层的厚度，m。

由巷道围岩塑性区轴对称平衡方程：

$$\frac{\sigma_\theta-\sigma_{\mathrm{r}}}{r}+\frac{\mathrm{d}\sigma_{\mathrm{r}}}{\mathrm{d}r}=0 \tag{5-21}$$

由摩尔-库仑准则得：

$$\sigma_\theta=\frac{1+\sin\varphi}{1-\sin\varphi}\sigma_{\mathrm{r}}+\frac{2c\cos\varphi}{1-\sin\varphi} \tag{5-22}$$

联立可得：

$$\sigma_{\mathrm{r}}=(\sigma_{\mathrm{i}}+c\cot\varphi)\left(\frac{r}{R_0}\right)^{\frac{2\sin\varphi}{1-\sin\varphi}}-c\cot\varphi \tag{5-23}$$

$$\sigma_{\mathrm{r}}=(\sigma_{\mathrm{i}}+c\cot\varphi)\frac{1+\sin\varphi}{1-\sin\varphi}\left(\frac{r}{R_0}\right)^{\frac{2\sin\varphi}{1-\sin\varphi}}-c\cot\varphi \tag{5-24}$$

当 $r=R_0$ 时，由 $\sigma_{\mathrm{r}}=\sigma_{内}$ 可得：

$$\sigma_{\mathrm{r}}=(\sigma_{内}+c\cot\varphi)\left(\frac{r}{R_0}\right)^{\frac{2\sin\varphi}{1-\sin\varphi}}-c\cot\varphi \tag{5-25}$$

当 $r=R_0+t$ 时，由 $\sigma_{\mathrm{r}}=\sigma_{外}$ 可得：

$$\sigma_{外}=(\sigma_{内}+c\cot\varphi)\left(\frac{R_0+t}{R_0}\right)^{\frac{2\sin\varphi}{1-\sin\varphi}}-c\cot\varphi \tag{5-26}$$

$$\sigma_\theta=(\sigma_{内}+c\cot\varphi)\frac{1+\sin\varphi}{1-\sin\varphi}\left(\frac{R_0+t}{R_0}\right)^{\frac{2\sin\varphi}{1-\sin\varphi}}-c\cot\varphi \tag{5-27}$$

将 $\sigma_{内}=\sigma_{\mathrm{m1}}=\dfrac{F_{\mathrm{cable}}}{D^2}$ 和 $\sigma_{外}=\sigma_{\mathrm{i}}+\sigma_{\mathrm{m2}}=\sigma_{\mathrm{i}}+\dfrac{F_{\mathrm{cable}}R_0}{D^2(R_0+L)}$ 代入式(5-26)，得：

$$c\cot\varphi\left[\left(\frac{R_0+t}{R_0}\right)^{\frac{2\sin\varphi}{1-\sin\varphi}}-1\right]+\frac{F_{\mathrm{cable}}}{D^2}\left[\left(\frac{R_0+t}{R_0}\right)^{\frac{2\sin\varphi}{1-\sin\varphi}}-\frac{R_0}{R_0+t}\right]=\sigma_{\mathrm{i}} \tag{5-28}$$

由卡斯特纳方程可知[147]，此状态下巷道围岩稳定需要的支护力为：

$$\sigma_{\mathrm{i}}\geqslant(P_0+c\cot\varphi)(1-\sin\varphi)\left(\frac{R_0}{R_{\mathrm{p}}}\right)^{\frac{2\sin\varphi}{1-\sin\varphi}}-c\cot\varphi \tag{5-29}$$

将其代入式(5-28)，得：

$$\sigma_{内}\geqslant[P_0(1-\sin\varphi)+c\cot\varphi]\left(\frac{R_0}{R_{\mathrm{p}}}\right)^{\frac{2\sin\varphi}{1-\sin\varphi}}+\sigma_{\mathrm{m2}}\left(\frac{R_0}{R_0+t}\right)^{\frac{2\sin\varphi}{1-\sin\varphi}}-c\cot\varphi \tag{5-30}$$

假设锚杆两端轴向拉力相同，均为 F_{cable}，则通过上式可得出巷道围岩稳定的条件为：

$$c\cot\varphi\left[1-\left(\frac{R_0}{R_p}\right)^{\frac{2\sin\varphi}{1-\sin\varphi}}\right]+\frac{F_{cable}}{D^2}\left[1-\frac{R_0}{R_0+L}\left(\frac{R_0}{R_0+t}\right)^{\frac{2\sin\varphi}{1-\sin\varphi}}\right]\geqslant P_0(1-\sin\varphi)\frac{R_0}{R_p}^{\frac{2\sin\varphi}{1-\sin\varphi}} \tag{5-31}$$

5.3.3　软弱围岩条件下围岩内和巷道开挖空间内承压环强化力学模型

当围岩强度 10 MPa＜σ_c＜30 MPa 时，巷道开挖后围岩进入弹塑性状态，围岩自身承载能力较低，需要用锚网喷支护技术对围岩内承压环进行强化。但是由于围岩强度低，锚杆支护产生的锚固作用较小，仅在围岩内进行承压环强化不能有效控制围岩变形破坏，还需要在巷道开挖空间内安设钢管混凝土支架，以在巷道开挖空间内进行承压环强化，巷道空间内和围岩内承压环强化作用共同发挥，以对围岩提供高支护反力，控制围岩变形破坏。因此，在软弱围岩状态下，需要在巷道围岩内和巷道开挖空间内共同进行承压环强化，巷道围岩内承压环强化方式为锚网喷支护技术，巷道开挖空间内承压环强化方式为在巷道空间内安设钢管混凝土支架，如图 5-10 所示。

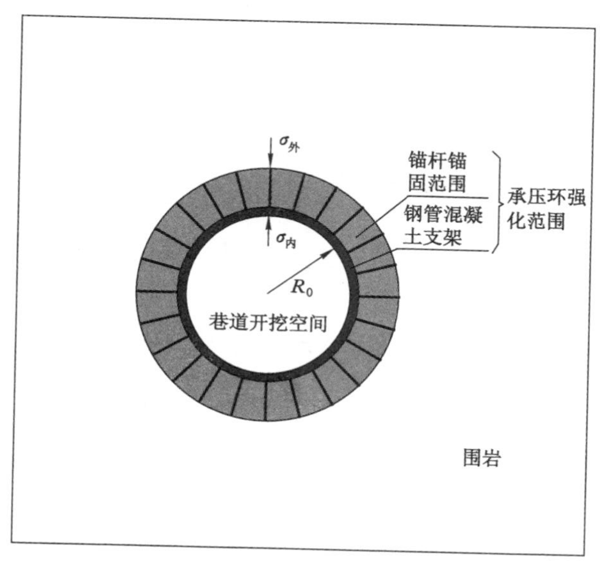

图 5-10　软弱围岩条件下承压环强化力学模型

承压环强化范围包括两部分，巷道开挖空间内和巷道围岩内。巷道空间内承压环强化范围是钢管混凝土支架，其范围即是钢管混凝土支架厚度，$t_1=D_s$。巷道围岩内承压环强化范围的外边界为最大锚固范围（注浆加固范围），内边界为钢管混凝土支架外侧，其厚度 $t_2=L_{锚}+S$。因此，软弱围岩条件下承压环强化模型的范围是：以钢管混凝土支架内侧为内边界，以锚杆锚固最大范围（注浆加固范围）为外边界的圆环，其总厚度为：

$$t=t_1+t_2=D_s+L_{锚}+S$$

式中　D_s——钢管混凝土支架钢管直径，m。

承压环强化模型内巷道围岩内承压环强化范围和巷道空间内承压环强化范围的作用关系：① 巷道空间内承压环强化范围。钢管混凝土支架内侧无径向作用力，$\sigma_{1内}=0$；支架外侧径向作用力和对锚固承压环施加的径向作用力是作用力与反作用力关系，即 $\sigma_{1外}=\sigma_s$。② 巷道围岩内承压环强化范围。内边界的径向作用力为锚杆托盘通过杆体和锚固剂提供的径向力 σ_{m1} 和钢管混凝土支架提供的径向支护力 σ_s，即：$\sigma_{2内}=\sigma_{m1}+\sigma_s=\dfrac{F_{cable}}{D^2}+\sigma_s$。围岩内承压环强化范围外边界的径向力有：承压环强化范围外部巷道围岩塑性变形对承压环强化范围外边界产生的径向作用力 σ_i 和锚杆锚固端产生的径向作用力 σ_{m2}，即：

$$\sigma_{外}=\sigma_i+\sigma_{m2}=\sigma_i+\frac{F_{cable}R_0}{D^2(R_0+t)}$$

则由式(5-26)和式(5-27)可知：

$$\sigma_{外}=(\sigma_{2内}+c\cot\varphi)\left(\frac{R_0+t}{R_0}\right)^{\frac{2\sin\varphi}{1-\sin\varphi}}-c\cot\varphi \tag{5-32}$$

$$\sigma_\theta=(\sigma_{2内}+c\cot\varphi)\frac{1+\sin\varphi}{1-\sin\varphi}\left(\frac{R_0+t}{R_0}\right)^{\frac{2\sin\varphi}{1-\sin\varphi}}-c\cot\varphi \tag{5-33}$$

将 $\sigma_{2内}=\sigma_{m1}+\sigma_s=\dfrac{F_{cable}}{D^2}+\sigma_s$ 代入式(5-32)可知：

$$\begin{aligned}&\sigma_s\left(\frac{R_0+t}{R_0}\right)^{\frac{2\sin\varphi}{1-\sin\varphi}}+c\cot\varphi\left[\left(\frac{R_0+t}{R_0}\right)^{\frac{2\sin\varphi}{1-\sin\varphi}}-1\right]+\\&\frac{F_{cable}}{D^2}\left[\left(\frac{R_0+t}{R_0}\right)^{\frac{2\sin\varphi}{1-\sin\varphi}}-\frac{R_0}{R_0+t}\right]=\sigma_i\end{aligned} \tag{5-34}$$

此状态下巷道围岩稳定需要的支护力为：

$$\sigma_i=(P_0+c\cot\varphi)(1-\sin\varphi)\left(\frac{R_0}{R_p}\right)^{\frac{2\sin\varphi}{1-\sin\varphi}}-c\cot\varphi$$

代入式(5-34)，得：

$$\sigma_{2内} \geqslant [P_0(1-\sin\varphi)+c\cot\varphi]\left(\frac{R_0}{R_p}\right)^{\frac{2\sin\varphi}{1-\sin\varphi}}+\sigma_{m2}\left(\frac{R_0}{R_0+t}\right)^{\frac{2\sin\varphi}{1-\sin\varphi}}-c\cot\varphi \tag{5-35}$$

通过上式可得出巷道围岩稳定的条件为：

$$\sigma_s+c\cot\varphi\left[1-\left(\frac{R}{R_p}\right)^{\frac{2\sin\varphi}{1-\sin\varphi}}\right]+\frac{F_{cable}}{D^2}\left[1-\frac{R_0}{R_0+L}\left(\frac{R_0}{R_0+t}\right)^{\frac{2\sin\varphi}{1-\sin\varphi}}\right]\geqslant P_0(1-\sin\varphi)\left(\frac{R_0}{R_p}\right)^{\frac{2\sin\varphi}{1-\sin\varphi}} \tag{5-36}$$

5.3.4 极软弱围岩条件下巷道开挖空间内承压环强化力学模型

当围岩强度 $\sigma_c<10$ MPa 时，一方面，巷道开挖后围岩进入塑性或潜塑性状态，围岩自身承载能力极低，且锚杆提供的锚固力较小（F_{cable} 值小），无法通过锚网支护技术对围岩进行有效的承压环强化；另一方面，距巷道径向较远范围内或者无限远范围的围岩进入塑性或潜塑性状态（R_p 值大），巷道变形破坏的能量很大，巷道围岩难以稳定。因此，若使巷道围岩稳定，在围岩内强化承压环的思路是不可行的，需要在巷道开挖空间内重新构建和强化承压环，承压环强化的方式为在巷道空间内进行混凝土碹体构筑，并在混凝土碹体外安设钢管混凝土支架，如图 5-11 所示。

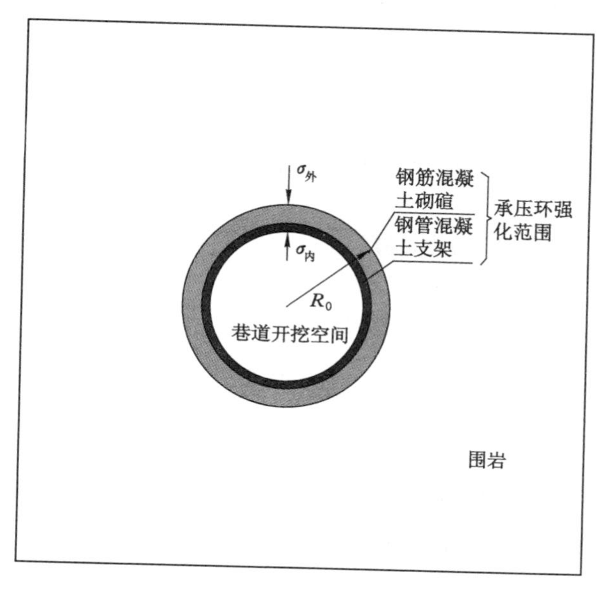

图 5-11 极软弱围岩条件下承压环强化力学模型

承压环强化范围包括两部分，即钢管混凝土支架和混凝土碹体。承压环强化的内边界即为钢管混凝土支架的内侧，外边界为混凝土碹体外侧。因此，极软弱围岩条件下承压环强化范围是以钢管混凝土支架内侧为内边界，以混凝土碹体外侧为外边界的圆环，其总厚度为：

$$t=D_s+D_c$$

式中　D_s——钢管混凝土支架钢管直径，m；

D_c——钢筋混凝土碹体厚度，m。

承压环强化模型内两支护体的相互作用关系：① 钢管混凝土支架。支架内侧无径向作用力，$\sigma_{1内}=0$；支架承压环外侧径向作用力和支架对混凝土碹体承压环强化范围施加的径向作用力是作用力与反作用力关系，即 $\sigma_{1外}=\sigma_s$。② 混凝土碹体。内侧作用力为钢管混凝土支架对钢筋混凝土碹体提供的径向力 σ_s，即 $\sigma_{2内}=\sigma_s$。外边界的径向力有：承压环强化范围外部巷道围岩塑性变形对承压环强化范围外边界产生的径向作用力 σ_i，即 $\sigma_{外}=\sigma_i=\sigma_c+\sigma_s$。

则由式(5-26)和式(5-27)可知：

当 $r=R_0$ 时：

$$\sigma_r=\sigma_i$$

$$\sigma_\theta=(\sigma_i+c\cot\varphi)\frac{1+\sin\varphi}{1-\sin\varphi}-c\cot\varphi$$

承压环强化范围外边界处，$r=R_0$，得：

$$\sigma_{外}=(\sigma_{外}+c\cot\varphi)\left(\frac{R_0+t}{R_0}\right)^{\frac{2\sin\varphi}{1-\sin\varphi}}-c\cot\varphi \tag{5-37}$$

$$\sigma_\theta=(\sigma_{2内}+c\cot\varphi)\frac{1+\sin\varphi}{1-\sin\varphi}\left(\frac{R_0+t}{R_0}\right)^{\frac{2\sin\varphi}{1-\sin\varphi}}-c\cot\varphi \tag{5-38}$$

将 $\sigma_{2内}=\sigma_{m1}+\sigma_s=\dfrac{F_{cable}}{D^2}+\sigma_s$ 代入式(5-38)可知：

$$\begin{aligned}&\sigma_s\left(\frac{R_0+t}{R_0}\right)^{\frac{2\sin\varphi}{1-\sin\varphi}}+c\cot\varphi\left[\left(\frac{R_0+t}{R_0}\right)^{\frac{2\sin\varphi}{1-\sin\varphi}}-1\right]+\\&\frac{F_{cable}}{D^2}\left[\left(\frac{R_0+t}{R_0}\right)^{\frac{2\sin\varphi}{1-\sin\varphi}}-\frac{R_0}{R_0+t}\right]=\sigma_i\end{aligned} \tag{5-39}$$

此状态下巷道围岩稳定需要的支护力为：

$$\sigma_i=(P_0+c\cot\varphi)(1-\sin\varphi)\left(\frac{R_0}{R_p}\right)^{\frac{2\sin\varphi}{1-\sin\varphi}}-c\cot\varphi \tag{5-40}$$

将其代入式(5-39)可得出巷道围岩稳定的条件为：

$$\sigma_s + \sigma_c \geqslant [P_0(1-\sin\varphi)+c\cot\varphi]\left(\frac{R_0}{R_p}\right)^{\frac{2\sin\varphi}{1-\sin\varphi}} - c\cot\varphi \tag{5-41}$$

关于钢管混凝土支架承载力及支护反力计算公式可参考本书 4.1 节。混凝土碹体承载能力计算可以用弹性力学中提供的拉密公式[158]，如图 5-12 所示。

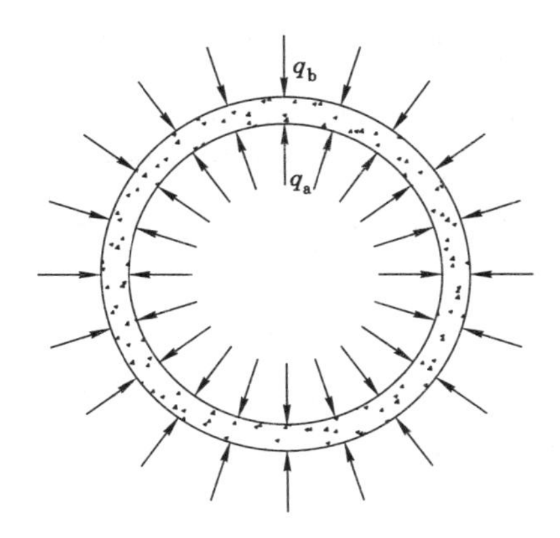

图 5-12　混凝土碹体计算模型

$$\sigma_\theta = \frac{\dfrac{b^2}{r^2}+1}{\dfrac{b^2}{a^2}-1}\cdot q_a - \frac{1+\dfrac{a^2}{r^2}}{1-\dfrac{a^2}{b^2}}\cdot q_b \tag{5-42}$$

式中　a——圆环或圆筒的内半径，m；

b——圆环或圆筒的外半径，m；

q_a——内压力，MPa；

q_b——外压力，MPa。

混凝土碹体的最大切向力 σ_θ 为碹体的抗压强度，此时碹体处于三向受力状态，服从摩尔-库仑准则：$\sigma_{碹} = \dfrac{1+\sin\varphi'}{1-\sin\varphi'}\cdot q_a + \dfrac{2c'\cos\varphi'}{1-\sin\varphi'}$（式中，$\varphi'$、$c'$分别为碹体的内摩擦角和黏聚力）。

5.4　不同围岩条件下承压环强化模型的作用机理及支护效果分析

通过数值模拟技术可以方便地为工程问题和理论研究提供指导和验证。为了研究不同围岩条件下的不同承压环强化方式的强化机理和巷道围岩支护效果,以及两者间的关系,采用数值模拟分析方法分别建立不同围岩条件不同承压环强化方式的承压环强化模型,分析承压环强化状态和巷道围岩位移量及应力状态。

选用 FLAC^{3D}有限差分数值模拟软件,该软件是美国明尼苏达大学和美国 Itasca Consulting Group Inc. 开发的三维有限差分数值计算软件,它广泛应用于边坡稳定性分析、支护设计及评价、地下硐室施工设计(开挖、填筑等)、河谷演化进程再现、拱坝稳定分析、隧道工程、矿山工程等多个领域。该软件可以较好地满足承压环强化理论相关研究的要求。软件内置 12 种弹塑性材料本构模型,如各向同性弹性材料模型、摩尔-库仑弹塑性材料模型、横观各向同性弹性材料模型、应变软化/硬化塑性材料模型、遍布节理材料模型、双屈服塑性材料模型、空单元模型等;有静力、动力、蠕变、渗流、温度 5 种计算模式,各种模式间可以相互耦合,以模拟各种复杂的工程力学行为[159-161]。

5.4.1 数值模型的建立

根据承压环强化支护理论假设条件和边界条件建立数值模型,模型尺寸参数如图 5-13 所示,所建立的模型如图 5-14 所示。模型中巷道开挖后对巷道围岩进行不同方式和不同范围的承压环强化,分别分析围岩应力状态和围岩控制效果。

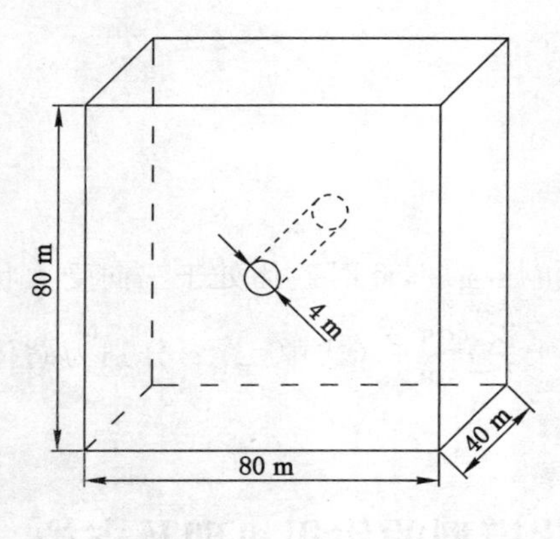

图 5-13 模型几何参数

图 5-14 建立的数值模型

模型几何参数为 80 m×40 m×80 m,巷道断面为直径 4 m 的圆形,巷道轴向长度为 40 m。模型中岩层采用单一性质岩层,原岩应力为静水压力,采用摩尔-库仑屈服准则。模型 6 个面均限定其法线方向位移,向模型施加内力

20 MPa，以模拟模型上部约 800 m 岩层的压力（按岩石容重 25 kN/m³ 计）。根据 3 种承压环强化模型的条件，分别建立 3 种岩石力学参数的模型，并采取不同的承压环强化方式，具体参数见表 5-3，模型中共有单元 38 800 个、节点42 021 个。

表 5-3　　数值模型力学参数表及承压环强化方式

<table>
<tr><td>模型序号</td><td colspan="2">1</td><td colspan="3">2</td><td colspan="2">3</td></tr>
<tr><td>黏聚力 c/MPa</td><td colspan="2">6</td><td colspan="3">2</td><td colspan="2">0.5</td></tr>
<tr><td>内摩擦角 φ/(°)</td><td colspan="2">24</td><td colspan="3">15</td><td colspan="2">8</td></tr>
<tr><td>体积模量 K/GPa</td><td colspan="2">1.5</td><td colspan="3">1</td><td colspan="2">0.5</td></tr>
<tr><td>剪切模量 G/GPa</td><td colspan="2">0.8</td><td colspan="3">0.3</td><td colspan="2">0.1</td></tr>
<tr><td>抗拉强度 T/MPa</td><td colspan="2">1</td><td colspan="3">0.2</td><td colspan="2">0</td></tr>
<tr><td>承压环强化方案编号</td><td>a</td><td>b</td><td>a</td><td>b</td><td>c</td><td>a</td><td>b</td></tr>
<tr><td>锚杆支护</td><td></td><td>采用</td><td></td><td>采用</td><td>采用</td><td>采用</td><td></td></tr>
<tr><td>钢管混凝土支架</td><td></td><td></td><td></td><td></td><td>采用</td><td></td><td>采用</td></tr>
<tr><td>混凝土碹体</td><td></td><td></td><td></td><td></td><td></td><td></td><td>采用</td></tr>
</table>

注：表中“采用”表示采用此支护方式。

5.4.2 中硬围岩条件下承压环强化模型

巷道围岩为中硬围岩时，依据 5.3.2 节中的分析，巷道围岩自身强度较高，可充分发挥自身承载能力保持巷道围岩稳定，在巷道围岩内采用锚杆支护进行承压环强化，承压环强化范围为锚杆锚固范围。

5.4.2.1　未进行承压环强化

巷道开挖后不对围岩进行支护，通过 FLAC^{3D}进行运算，直至达到新的应力平衡状态，此时的巷道围岩最大主应力云图、最小主应力云图和位移云图分别如图 5-15～图 5-17 所示。

由图 5-15～图 5-17 可知：在中硬围岩条件下，巷道开挖后在未进行承压环强化状态下，巷道围岩最大变形量约为 32 cm，最大主应力从巷道壁向外逐渐升高，直至成为原岩应力，极小值为 5.5 MPa；最小主应力从巷道壁向外逐渐降低，直至成为原岩应力，极大值为 34 MPa，应力升高区为巷道壁外 7 m 范围。

5.4.2.2　巷道围岩内通过锚杆支护进行承压环强化

巷道开挖运算 100 时步后，对巷道围岩进行锚杆支护，以在巷道围岩内进行

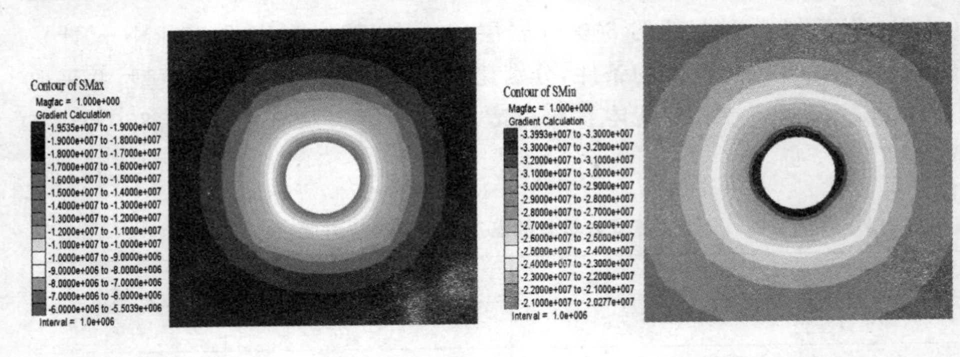

图 5-15　巷道围岩最大主应力云图　　　　图 5-16　巷道围岩最小主应力云图

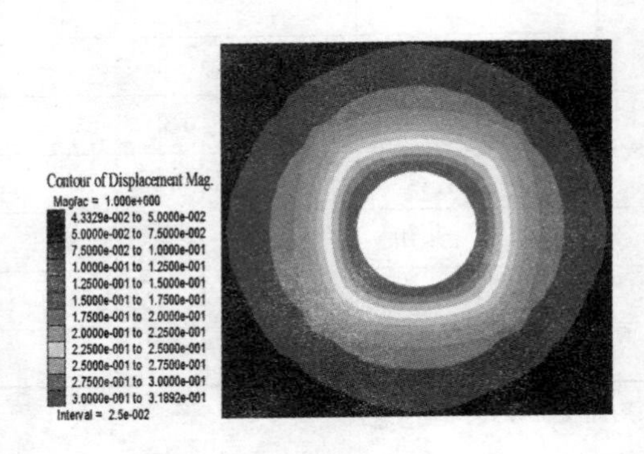

图 5-17　巷道围岩位移云图

承压环强化，锚杆支护参数：排距 800 mm，间距 1 000 mm（即间隔$\frac{\pi}{12}$弧度），锚杆长度为 2.2 m，锚杆具体参数见表 5-4。锚杆支护后继续进行运算直至达到新的应力平衡状态，此时的巷道围岩最大主应力云图、最小主应力云图和位移云图分别如图 5-18～图 5-20 所示。

表 5-4　　　　锚杆支护参数

项目	参数	项目	参数
弹性模量/GPa	206	药卷外圈周长/m	0.549
预应力/kN	34.5	药卷刚度/MPa	17.5
长度/m	2.2	单位长度药卷黏聚力/(kN/m)	2 000
横截面积/m^2	7.06×10^{-4}	抗拉极限/kN	120

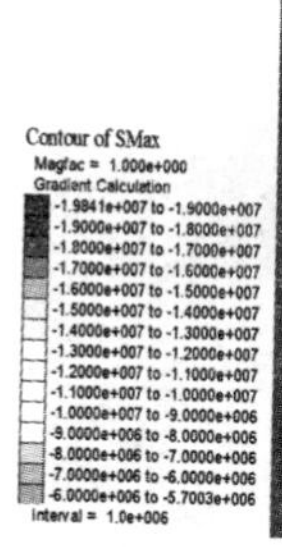

图 5-18　巷道围岩最大主应力云图

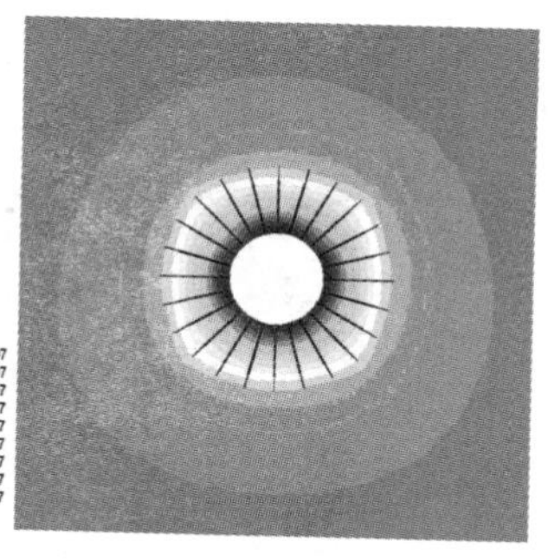

图 5-19　巷道围岩最小主应力云图

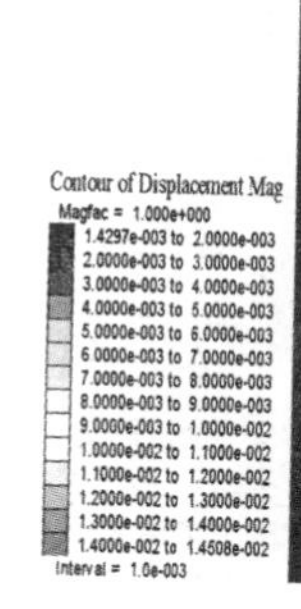

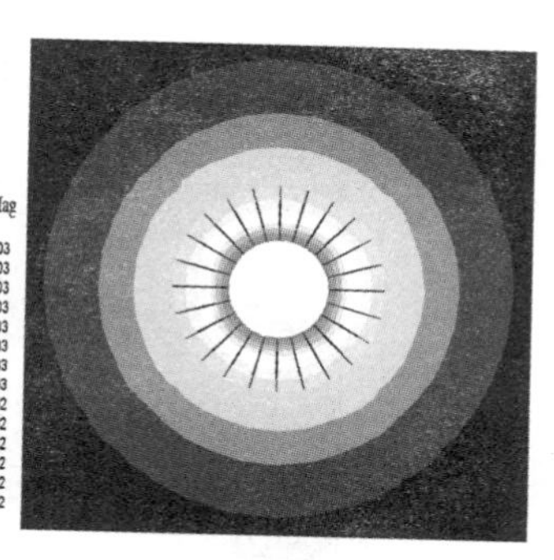

图 5-20　巷道围岩位移云图

由图 5-18～图 5-20 可以看出：采用锚杆支护在巷道围岩内进行承压环强化时，巷道围岩最大变形量约为 2 cm，最大主应力从巷道壁向外逐渐升高，直至成为原岩应力，极小值为 5.7 MPa，最小主应力从巷道壁向外逐渐降低，直至成为原岩应力，极大值为 35 MPa，应力升高区为巷道壁外 5 m 范围，可见在中硬围岩条件下，由于巷道围岩处于弹性状态，围岩自身承载能力强，锚杆锚固效果较好，可有效控制围岩。

5.4.3　软弱围岩条件下承压环强化模型

巷道围岩为软弱围岩时，巷道围岩自身强度较低，巷道自身承载能力有限，仅依靠锚杆支护进行承压环强化难以保持巷道围岩稳定，应在巷道开挖空间内通过钢管混凝土支架支护技术进行承压环强化，巷道空间内和巷道围岩内共同进行承压环强化才能保持巷道围岩稳定。

5.4.3.1　未进行承压环强化

巷道开挖后不对巷道围岩进行承压环强化，直至达到新的应力平衡状态，巷道围岩最大主应力云图、最小主应力云图和位移云图分别如图 5-21～图 5-23 所示。

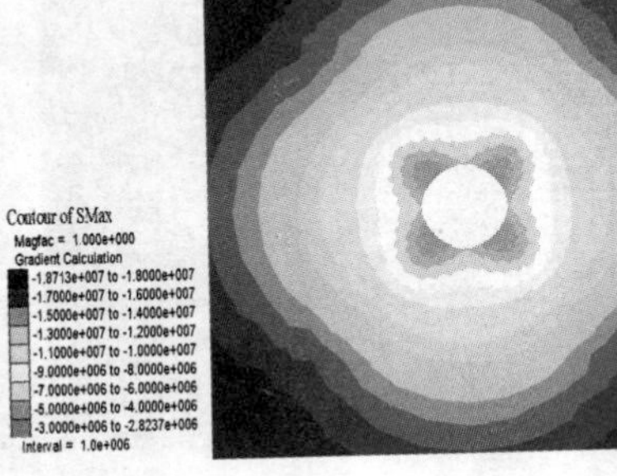

图 5-21 巷道围岩最大主应力云图

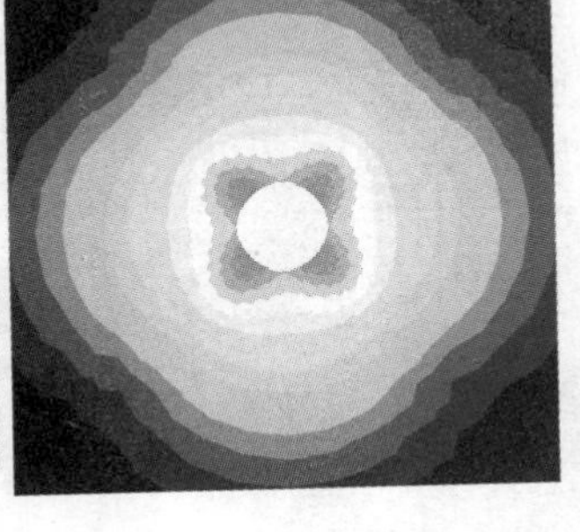

图 5-22 巷道围岩最小主应力云图

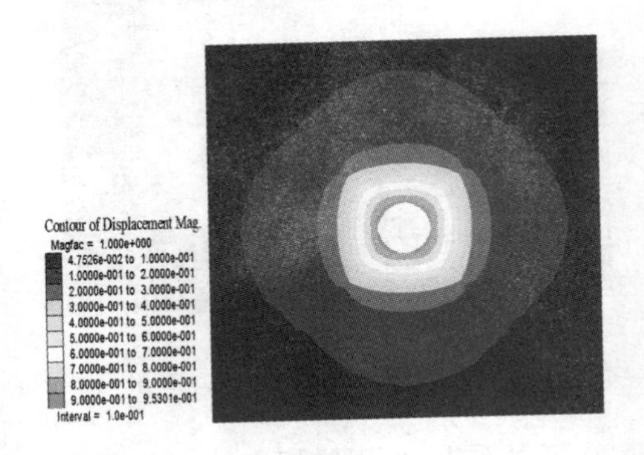

图 5-23 巷道围岩位移云图

由图 5-21～图 5-23 可以看出：在软弱围岩条件下，巷道围岩不进行承压环强化时，巷道围岩最大变形量约为 95 cm，接近巷道断面半径的二分之一，变形量过大，无法保证巷道断面使用要求。最大主应力从巷道壁向外逐渐升高，直至成为原岩应力，极小值为 2.8 MPa；最小主应力从巷道壁极小值为 6.4 MPa 向外逐渐升高，在距巷道壁 6 m 处达到最大值，约为 24.2 MPa，然后逐渐降低至原岩应力（距巷道壁 16 m 处）。可见在软弱围岩条件下，巷道围岩处于塑性状态，变形量大，自身承载能力较低，不进行承压环强化无法维持稳定。

5.4.3.2 巷道围岩内通过锚杆支护进行承压环强化

由于软弱围岩条件下，巷道开挖后巷道变形速率快，巷道开挖运算 80 时步后，在巷道围岩内通过锚杆支护进行承压环强化，强化范围即是锚杆锚固范围。锚杆支护参数与中硬围岩时锚杆支护参数相同，锚杆支护后继续进行运算直至达到新的应力平衡状态，此时的巷道围岩最大主应力云图、最小主应力云图、位移云图和支架锚杆受力图分别如图 5-24～图 5-27 所示。

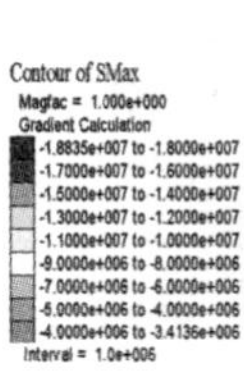

图 5-24　巷道围岩最大主应力云图

图 5-25　巷道围岩最小主应力云图

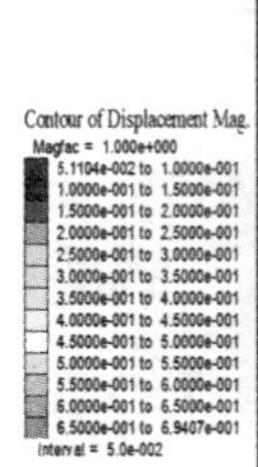

图 5-26　巷道围岩位移云图

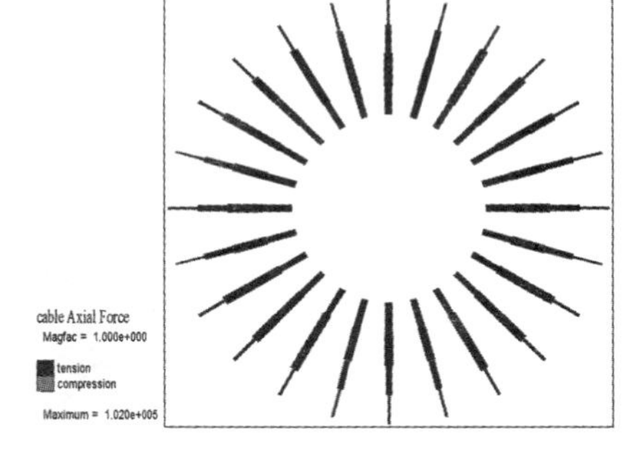

图 5-27　支护体受力状态图

由图 5-24～图 5-27 可以看出：当巷道围岩为软弱围岩且通过锚杆支护在巷道围岩内进行承压环强化后，巷道围岩最大变形量约为 69 cm，接近巷道断面半径的三分之一，也无法保证巷道断面使用要求。最大主应力从巷道壁向外逐渐升高，直至成为原岩应力，极小值为 3.4 MPa；最小主应力从巷道壁极小值为 9.7 MPa向外逐渐升高，在距巷道壁 5 m 处达到最大值，约为 24 MPa，然后逐渐降低至原岩应力（距巷道壁 10 m 处）。锚杆最大轴向拉力为 102 kN。可见在软弱围岩条件下，在巷道围岩内进行承压环强化，相比不进行承压环强化的状态而言，塑性区范围明显减小，围岩最大变形量减小，围岩应力升高的范围减小，最小主应力和最大主应力的极小值提高，但巷道围岩变形依然严重，无法有效控制围岩，需要在围岩内和巷道空间内共同进行承压环强化。

5.4.3.3　围岩内和巷道空间内承压环强化

巷道开挖运算80时步后，在巷道围岩内进行锚杆支护承压环强化，锚杆支护参数与中硬围岩条件时锚杆支护参数相同；运算100时步后，在巷道空间内安设钢管混凝土支架进行承压环强化，钢管混凝土支架支护参数为：支架为圆形，与巷道断面相当，间距为800 mm，钢管混凝土支架采用Beam梁单元模拟，具体参数见表5-5。承压环强化后继续进行运算直至达到新的应力平衡状态，此时的巷道围岩最大主应力云图、最小主应力云图、位移云图和支架锚杆受力图分别如图5-28～图5-31所示。

表5-5　　钢管混凝土支架力学参数

项目	参数	项目	参数
钢管混凝土支架单元形式	Beam单元	横截面积/m^2	0.029 6
弹性模量/GPa	67.7	极惯性矩	13.9×10^{-5}
泊松比	0.25	Z惯性矩	6.95×10^{-5}
塑性极限弯矩/kN·m	112.9	Y惯性矩	6.95×10^{-5}

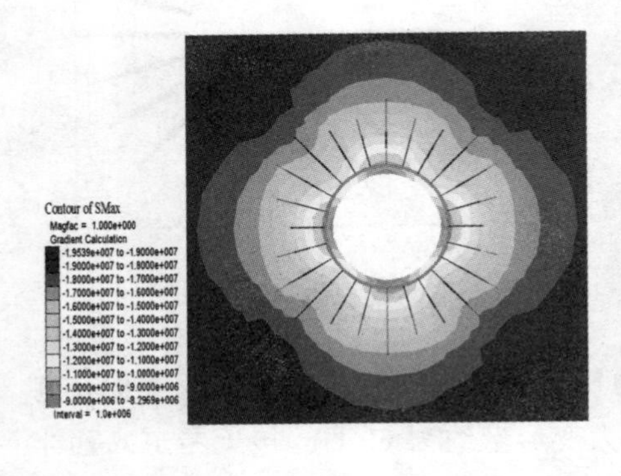

图5-28　巷道围岩最大主应力云图

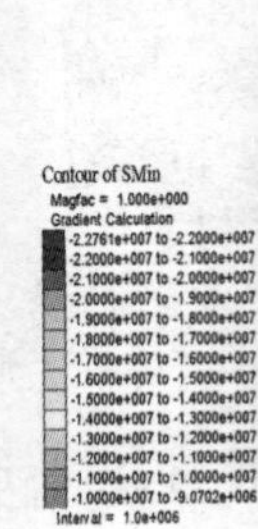

图5-29　巷道围岩最小主应力云图

由图5-28～图5-31可见：在软弱围岩条件下，对在巷道围岩内采取锚杆支护和巷道空间内钢管混凝土支架支护共同进行承压环强化时，巷道围岩最大变形量约为28 cm，变形量较小；最大主应力从巷道壁向外逐渐升高，直至成为原岩应力，极小值为8.3 MPa；最小主应力从巷道壁极小值为9.0 MPa向外逐渐升高，在距巷道壁5 m处达到最大值，约为22 MPa，然后逐渐降低至原岩应力（距巷道壁10 m处）。应力升高区为巷道壁外5 m范围。锚杆最大轴向拉力为105 kN，钢管混凝

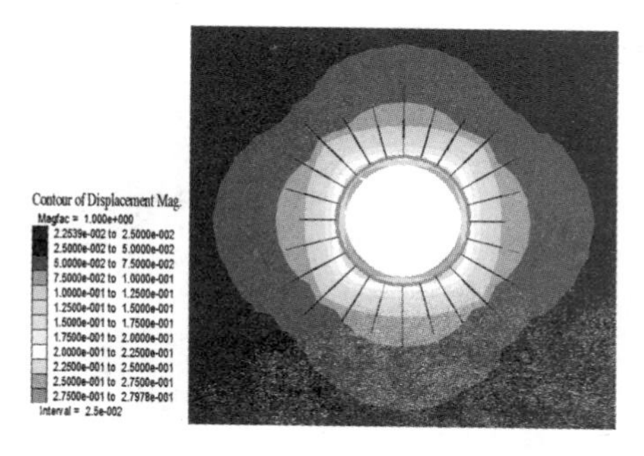

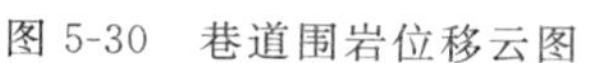
图 5-30　巷道围岩位移云图

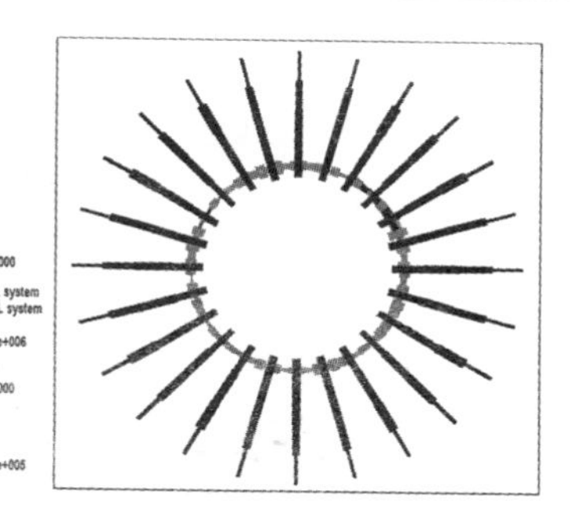

图 5-31　支护体受力状态图

土支架最大支护力为 1 746 kN。可见在软弱围岩条件下，巷道围岩采用锚杆支护和钢管混凝土支架支护在巷道围岩内和巷道空间内共同进行承压环强化时，塑性区范围明显减小，围岩最大变形量减小，围岩应力升高的范围减小，最小主应力和最大主应力的极小值提高，可对巷道围岩进行有效控制。

5.4.4　极软弱围岩条件下承压环强化模型

5.4.4.1　未进行承压环强化

在极软弱围岩条件下，巷道开挖后，不进行承压环强化时，巷道围岩位移云图如图 5-32 所示。可以看出，巷道开挖后，由于巷道围岩强度极小，自身承载能力极低，围岩变形量大，巷道空间已经几乎完全闭合。

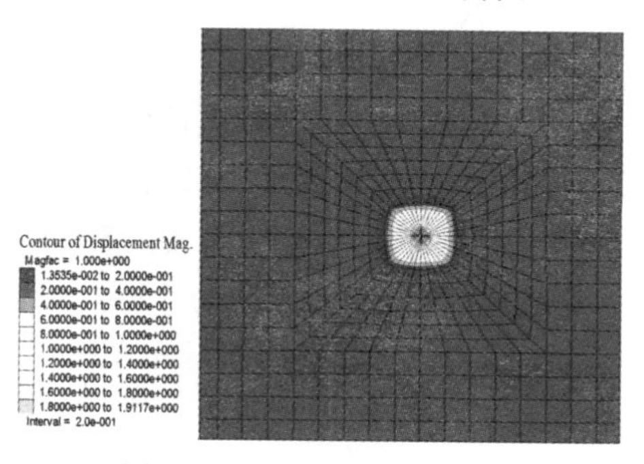

图 5-32　巷道围岩位移云图

5.4.4.2　巷道围岩内通过锚杆支护进行承压环强化

由于极软岩巷道围岩变形较快，在巷道开挖后需尽快强化承压环。因此，巷道开挖运算 50 时步后，在巷道围岩内通过锚杆支护进行承压环强化，锚杆支护参数与中硬围岩时锚杆支护参数相同，锚杆支护后继续进行运算直至达到新的应力平衡状态，此时的巷道围岩最大主应力云图、最小主应力云图、位移云图和锚杆受力图分别如图 5-33～图 5-36 所示。

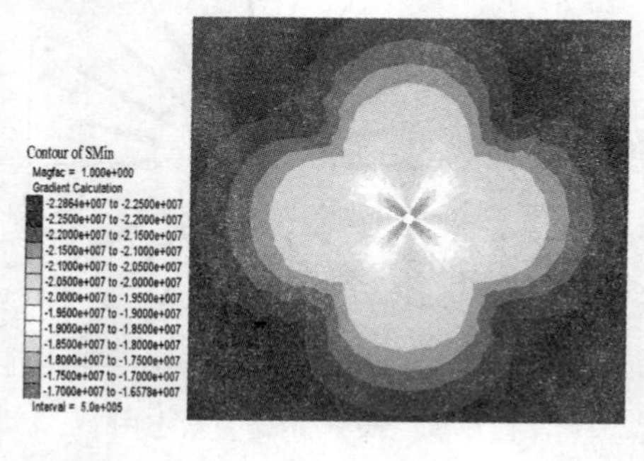

图 5-33　巷道围岩最大主应力云图

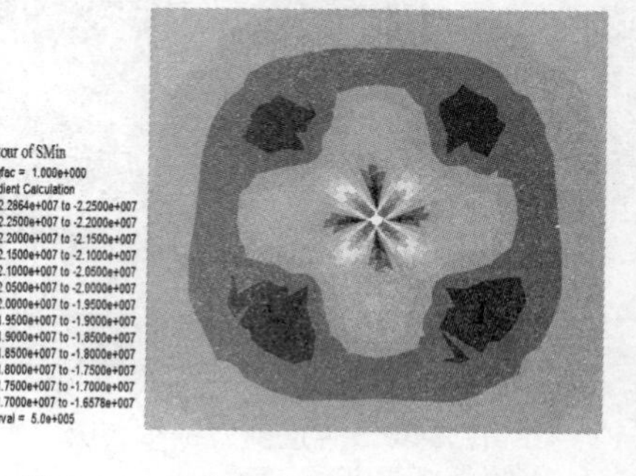

图 5-34　巷道围岩最小主应力云图

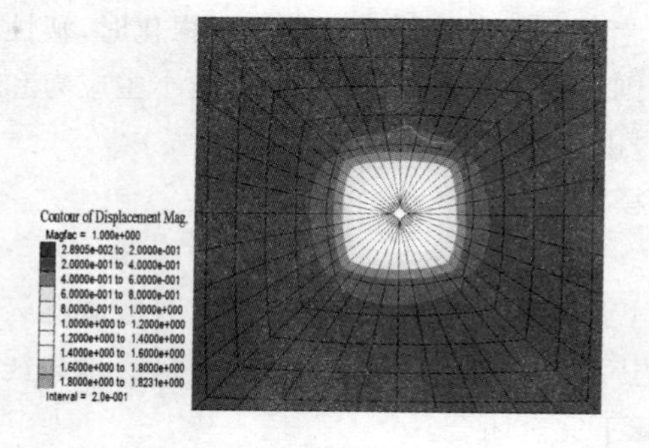

图 5-35　巷道围岩位移云图

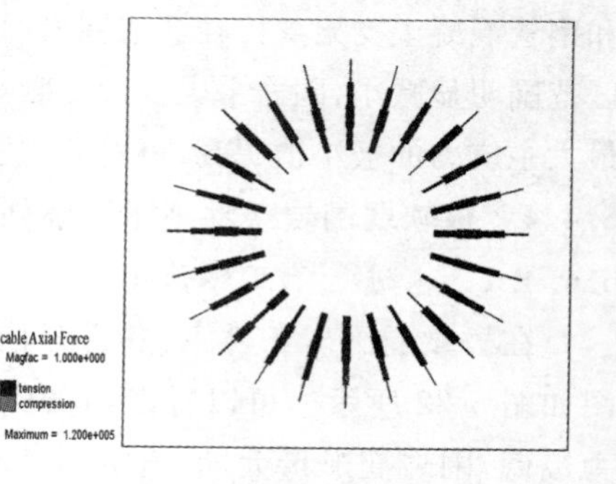

图 5-36　支护体受力状态图

由图 5-33～图 5-36 可见：在极软弱围岩条件下，仅采用锚杆支护技术在巷道围岩进行承压环强化时，巷道围岩最大变形量约为 182 cm，变形量太大，巷道空间已经接近闭合。最大主应力从巷道壁向外逐渐升高，直至成为原岩应力，极小值为 17 MPa；最小主应力从巷道壁极小值为 16.6 MPa 向外逐渐升高，在距巷道壁 2 m 处达到最大值，约为 22.9 MPa，然后逐渐降低至原岩应力（距巷道壁 10 m 处）。锚杆最大轴向拉力为 120 kN，已达到锚杆的最大锚固强度，杆体已经屈服。此时，巷道围岩承压环强化范围为锚杆加固的围岩，无法对巷道围岩进行有效控制。

5.4.4.3　巷道围岩内通过钢管混凝土支架＋混凝土碹体进行承压环强化

由图 5-35 可知，极软弱围岩条件下，仅采用锚杆支护巷道围岩变形量大，难以保持稳定，应在巷道内安设高承载力的钢管混凝土支架。

巷道开挖运算 50 时步后，在巷道围岩内进行锚杆支护来提供临时支护，锚杆支护参数与中硬围岩时锚杆支护参数相同；运算 50 时步后，在巷道空间内通过安设钢管混凝土支架和构筑混凝土碹体进行承压环强化，碹体厚度为300 mm，钢管混凝土支架采用 Beam 梁结构单元模拟，混凝土碹体采用 Liner 衬砌结构单元，具体参数见表 5-6。支护完成后继续进行运算直至达到新的应力平衡状态，此时的巷道围岩最大主应力云图、最小主应力云图、位移云图和支架锚杆受力图分别如图 5-37～图 5-40 所示。

表 5-6　　混凝土碹体参数表

弹性模量/GPa	泊松比	法向刚度/MPa	切向刚度/MPa	黏聚力/MPa	内摩擦角/(°)
10.5	0.15	3.4	3.0	1.0	20

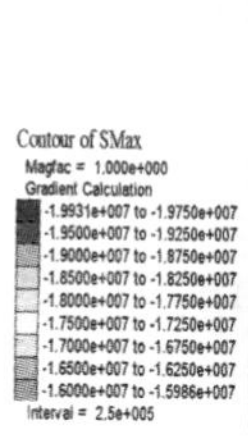

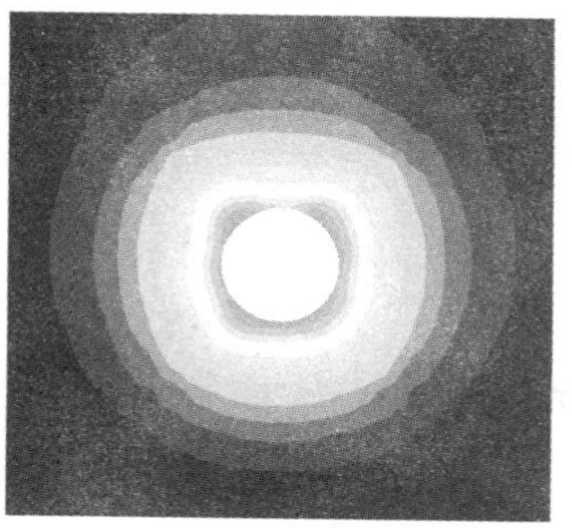

图 5-37　巷道围岩最大主应力云图

图 5-38　巷道围岩最小主应力云图

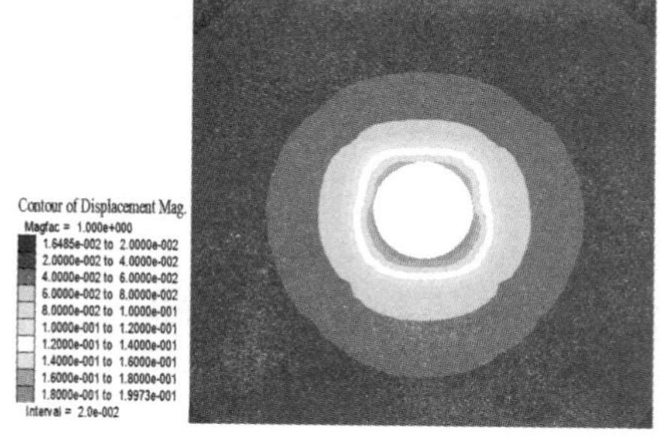

图 5-39　巷道围岩位移云图

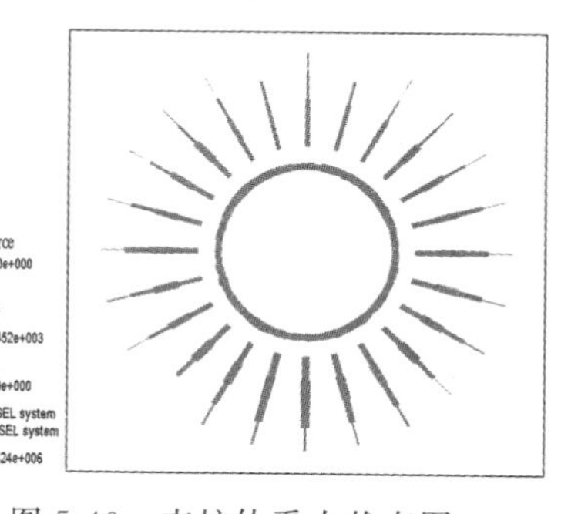

图 5-40　支护体受力状态图

由图 5-37～图 5-40 可见：在极软弱围岩条件下，在巷道空间内通过钢管混凝土支架+混凝土碹体对巷道围岩进行承压环强化时，巷道围岩最大变形量约为 20 cm，变形量较小。最大主应力从巷道壁向外逐渐升高，直至成为原岩应力，极小值为 16 MPa；最小主应力从巷道壁极小值为 19.1 MPa 向外逐渐升高，在距巷道壁 2.5 m 处达到最大值，约为 21.3 MPa，然后逐渐降低至原岩应力（距巷道壁 11 m 处）。此时锚杆受到轴向压应力的作用，轴向压力为 7.45 kN，可见锚杆在后期对巷道围岩无加固作用，在巷道开挖后初期主要起临时支护的作用，不能有效强化承压环；钢管混凝土支架各部位均受压，最大压力为 2 424 kN。此时，巷道围岩承压环强化范围为巷道空间内的混凝土碹体和钢管混凝土支架。

通过对上述不同围岩条件、不同承压环强化方式下巷道围岩位移及应力情况进行总结得到表 5-7。

表 5-7　　承压环强化模型数值模拟结果

<table>
<tr><td colspan="2">模型序号</td><td colspan="2">1</td><td colspan="3">2</td><td colspan="2">3</td></tr>
<tr><td colspan="2">承压环强化方式</td><td>a</td><td>b</td><td>a</td><td>b</td><td>c</td><td>a</td><td>b</td></tr>
<tr><td colspan="2">锚杆</td><td></td><td>采用</td><td></td><td>采用</td><td>采用</td><td>采用</td><td></td></tr>
<tr><td colspan="2">钢管混凝土支架</td><td></td><td></td><td></td><td></td><td>采用</td><td></td><td>采用</td></tr>
<tr><td colspan="2">混凝土碹体</td><td></td><td></td><td></td><td></td><td></td><td></td><td>采用</td></tr>
<tr><td colspan="2">巷道围岩最大主应力极小值/MPa</td><td>5.5</td><td>5.7</td><td>2.8</td><td>3.4</td><td>8.3</td><td>17</td><td>16</td></tr>
<tr><td colspan="2">巷道围岩最小主应力极小值/MPa</td><td></td><td></td><td>6.4</td><td>9.7</td><td>9.0</td><td>16.6</td><td>19</td></tr>
<tr><td colspan="2">巷道围岩最小主应力极大值/MPa</td><td>34</td><td>35</td><td>24.2</td><td>24</td><td>22</td><td>22.9</td><td>21.3</td></tr>
<tr><td colspan="2">围岩最小主应力极大值位置距巷道壁距离/m</td><td>0</td><td>0</td><td>6</td><td>5</td><td>5</td><td>2</td><td>2.5</td></tr>
<tr><td colspan="2">应力升高区范围/m</td><td>7</td><td>5</td><td>10</td><td>7</td><td>10</td><td>6</td><td>10</td></tr>
<tr><td colspan="2">最大位移量/cm</td><td>32</td><td>2</td><td>95</td><td>69</td><td>28</td><td>182</td><td>20</td></tr>
<tr><td rowspan="3">承压环应力状态</td><td>锚杆受力状态</td><td></td><td>受拉</td><td></td><td></td><td>受拉</td><td>受拉</td><td>先受拉，后受压</td></tr>
<tr><td>锚杆最大轴力/kN</td><td></td><td></td><td></td><td>102</td><td>105</td><td>120</td><td>−7.5</td></tr>
<tr><td>钢管混凝土支架/kN</td><td></td><td></td><td></td><td></td><td>1 746</td><td></td><td>−2 424</td></tr>
</table>

通过上述分析可见：在中硬围岩条件下，在巷道围岩内通过锚杆支护技术进行承压环强化时，巷道围岩最大位移量小，围岩稳定，即可有效控制围岩变形。而在软弱围岩条件下，仅在巷道围岩内通过锚杆支护进行承压环强化时围岩变形量很大，无法控制围岩变形，需在巷道围岩内和巷道空间内共同进行承压环强

化，强化方式为锚杆+钢管混凝土支架支护，才可有效控制围岩变形。在极软弱围岩条件下，锚杆对围岩加固作用较小，无法有效对巷道围岩进行承压环强化，只能在巷道空间内重新构建和强化承压环，承压环强化方式为钢管混凝土支架和混凝土碹体支护，需要具有高支护反力的承压环才能使巷道稳定。

5.5 小结

本章主要通过理论分析和数值模拟分析研究了承压环强化支护理论，通过研究主要得到以下结论：

(1) 根据围岩自身强度，将围岩分为三类，不同类型的围岩的承压环强化范围和方式不同：中硬围岩：$\sigma_c > 30$ MPa，承压环强化范围和方式为巷道围岩内锚杆锚固的围岩；软弱围岩：10 MPa$<\sigma_c<$30 MPa，承压环强化范围和方式为巷道围岩内锚杆锚固围岩(注浆加固围岩)和巷道开挖空间内支设的钢管混凝土支架；极软弱围岩：$\sigma_c<10$ MPa，承压环强化范围和方式为巷道空间内的钢管混凝土支架和混凝土碹体。

(2) 锚杆的最大锚固力 $F=K\min\{\tau_1,\tau_2,\tau_3,\tau_4\}D\pi L_{中}$，围岩性质对锚固力影响很大，巷道围岩为软岩或极软岩时，锚固力低，围岩加固效果有限。

(3) 建立了三类围岩条件下的承压环强化力学模型，并对承压环强化范围、边界力学条件和巷道稳定的条件等进行了分析。

① 中硬围岩条件下，承压环强化范围：$\begin{cases} t=L_{锚}+S & \text{锚喷支护} \\ t=L_{注}+S & \text{锚喷注浆支护} \end{cases}$；承压环强化边界力学条件：$\sigma_{内}=\sigma_{m1}=\dfrac{F_{cable}}{D^2}$，$\sigma_{外}=\sigma_i+\sigma_{m2}=\sigma_i+\dfrac{F_{cable}R_0}{D^2(R_0+L)}$；由卡斯特纳方程求出巷道稳定的条件为：

$$c\cot\varphi\left[1-\left(\frac{R_0}{R_p}\right)^{\frac{2\sin\varphi}{1-\sin\varphi}}\right]+\frac{F_{cable}}{D^2}\left[1-\frac{R_0}{R_0+L}\left(\frac{R_0}{R_0+t}\right)^{\frac{2\sin\varphi}{1-\sin\varphi}}\right]\geqslant P_0(1-\sin\varphi)\left(\frac{R_0}{R_p}\right)^{\frac{2\sin\varphi}{1-\sin\varphi}}$$

② 软弱围岩条件下，承压环强化范围：$t=t_1+t_2=D_s+L_{锚}+S$；承压环强化边界力学条件：$\sigma_{外}=\sigma_i+\sigma_{m2}=\sigma_i+\dfrac{F_{cable}R_0}{D^2(R_0+L)}$；由卡斯特纳方程求出巷道稳定的条件为：

$$\sigma_s+c\cot\varphi\left[1-\left(\frac{R_0}{R_p}\right)^{\frac{2\sin\varphi}{1-\sin\varphi}}\right]+\frac{F_{\text{cable}}}{D^2}\left[1-\frac{R_0}{R_0+L}\left(\frac{R_0}{R_0+t}\right)^{\frac{2\sin\varphi}{1-\sin\varphi}}\right]\geqslant$$
$$P_0\,(1-\sin\varphi)\left(\frac{R_0}{R_p}\right)^{\frac{2\sin\varphi}{1-\sin\varphi}}$$

③ 极软弱围岩条件下，承压环强化范围：$t=D_s+D_c$；承压环强化边界力学条件：$\sigma_{外}=\sigma_i=\sigma_c+\sigma_s$；由卡斯特纳方程求出巷道稳定的条件为：

$$\sigma_s+\sigma_c\geqslant[P_0(1-\sin\varphi)+c\cot\varphi]\left(\frac{R_0}{R_p}\right)^{\frac{2\sin\varphi}{1-\sin\varphi}}-c\cot\varphi$$

（4）结合数值模拟结果可知：在中硬围岩条件下，在巷道围岩内通过锚杆支护技术进行承压环强化，即可维持巷道围岩稳定；而在软弱围岩条件下，不进行承压环强化或仅在巷道围岩内通过锚杆支护进行承压环强化时围岩变形量很大，无法控制围岩变形，需在巷道围岩内和巷道空间内共同进行承压环强化，强化方式为锚杆＋钢管混凝土支架支护，才可有效控制围岩变形；在极软弱围岩条件下，锚杆对围岩加固作用较小，无法在巷道围岩内进行承压环强化，只能在巷道空间内重新构建和强化承压环，承压环强化方式为钢管混凝土支架和混凝土碹体支护。

6 软岩巷道钢管混凝土支架支护方案设计与工程实践

本章主要对龙口矿区北皂煤矿海域扩采二采区回风上山工程地质条件进行分析，并根据承压环强化支护理论提出在巷道开挖空间内通过钢管混凝土支架+混凝土碹体支护技术重建和强化承压环，描述了支护方案和施工工艺措施，根据方案进行现场施工后，对巷道稳定性进行了矿压监测，监测结果表明支护后巷道围岩稳定。

6.1 工程地质概况

6.1.1 矿井概况

北皂煤矿位于龙口市中村镇北皂村西部，西南距龙口港 3 km。井田在黄县煤田西北侧，南以草泊断层与梁家井田为界，东与柳海井田毗邻，北至渤海边，走向 6 km，倾向 1.5 km，面积 9.4 km^2。矿井于 1983 年年底建成投产，设计生产能力 90 万 t/a，经多次技术改造生产能力达到 240 万 t/a。

北皂煤矿北部的渤海海域经过勘探，在面积约 18.1 km^2 的区域内发现埋藏有丰富的煤炭资源，总储量 11 667 万 t，设计储量 5 243 万 t，可采储量 3 978 万 t。区内地势平坦，海域内除近岸潮间滩涂外，海水水深 0～12 m，由南向北渐深，矿区海域煤田是陆地煤田的延伸。自 2005 年以来，北皂煤矿已经在海域扩采区海下采煤方面做了大量工作，且取得了巨大的经济效益及丰富的研究成果和生产经验。

矿井含煤地层为下第三系，可采煤层 3 层，可采油页岩 2 层，煤层总厚度 13.74 m，煤$_1$0.75 m、油$_2$5.39 m、煤$_2$4.71 m、煤$_3$油$_3$连层 0.75 m、煤$_4$7.53 m，煤种为褐煤及长焰煤，油页岩含油率 14.31%。煤系地层为新生代下第三系，主要由钙质泥岩、泥岩、含油泥岩、油页岩、黏土岩、含砾砂岩及粗砂岩等软弱岩层组成，海域地层自下而上依次为下第三系、上第三系和第四系。井田地质构造及水文情况简单，煤系岩石软，遇水易膨胀，是典型的软岩矿区，陆地区域的巷道支护较困难。海域煤$_2$顶板含油泥岩软弱破碎，相比陆地区域巷道的稳定性更差，更难支护。

6.1.2 海域二采区回风上山工程地质概况

海域二采区回风上山设计长度 2 472 m，处于－350 m 水平，为新掘巷道。位于北皂后村北部海域，巷道北侧为 SF-14、HDF-17、SF-7A 断层，南侧为 H2108 工作面，西侧为－350 回风大巷、轨道大巷、皮带大巷保护煤柱，东侧为采区边界。二采区回风上山平面布置图和剖面图如图 6-1 和图 6-2 所示。

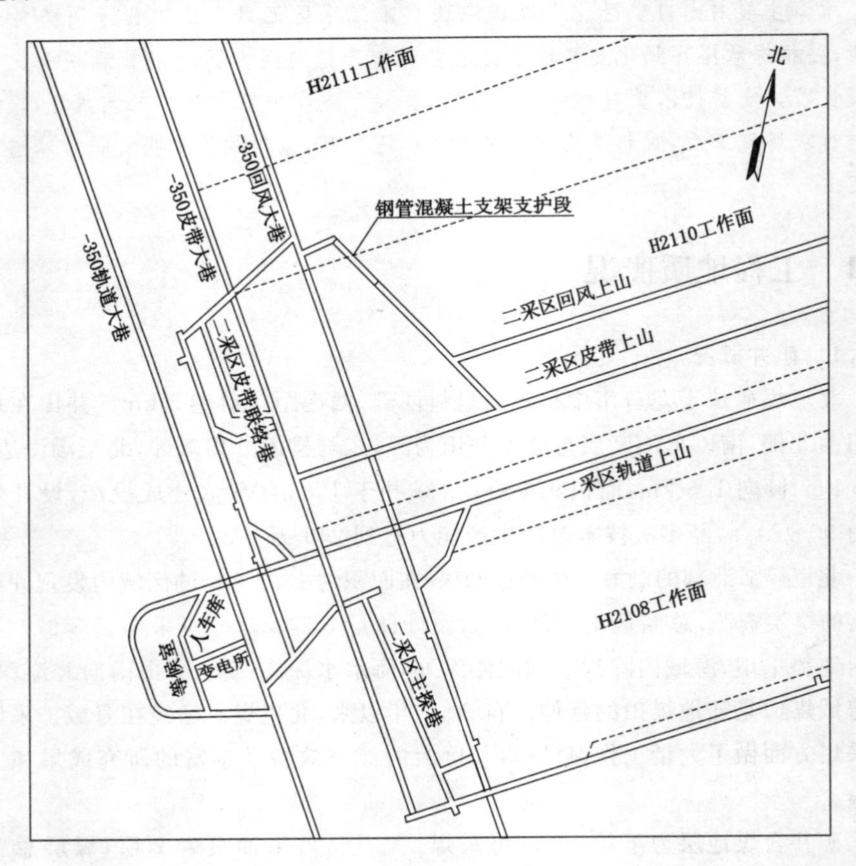

图 6-1 二采区回风上山平面布置图

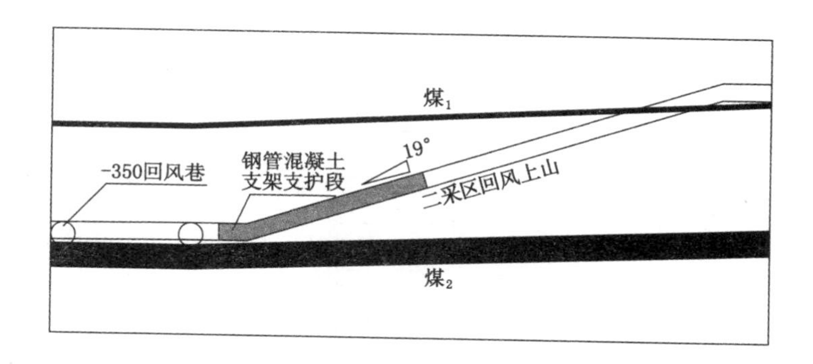

图 6-2 二采区回风上山钢管混凝土支架支护段剖面图

海域二采区回风上山底部含稳定的主要可采煤层(煤$_2$)和局部可采的煤层(煤$_1$),并含全井田稳定的油页岩(油$_2$)。煤$_2$位于本段的底部,厚度 3.51～8.87 m,平均 4.44 m,煤$_2$顶部为灰褐色泥岩、含油泥岩,具水平层理,局部夹薄层泥灰岩。含油泥岩上部渐变过渡为棕褐色油页岩,水平层理发育,为油$_2$,厚度 0.43～1.21 m,平均 0.84 m,顶部沉积了灰～深灰色泥岩和浅灰褐～棕褐色含油泥岩,水平层理发育。本段地层厚度、岩性及其变化不明显,为井田内沉积最稳定的层段。二采区回风上山地层综合柱状图如图 6-3 所示,可以看出,二采区回风上山涉及的主要地层为煤$_2$、含油泥岩、油页岩(油$_2$)、煤$_1$和其上部的含油泥岩,即为煤$_2$及上部约 57 m 岩层,钢管混凝土支架支护段处在含油泥岩层中,对钢管混凝土支架支护段有较大影响的主要地层为煤$_2$、含油泥岩、油页岩(油$_2$)。

6.1.3 周围巷道支护参数及破坏情况分析

海域二采区回风上山为新掘巷道,无巷道围岩变形监测记录,因此采用邻近巷道的围岩变形破坏情况来反映本区域巷道围岩的变形破坏特征。

(1) 海域扩大区皮带暗斜井

采用的支护方案为:锚杆+锚索+料石砌碹,支护仅 6 d 后巷道顶板就产生明显下降,将碹体顶部料石压碎。

(2) H2101 工作面运输联络巷

采用的支护方案为:U25 型钢支架,间距 400 mm;U29 型钢支架,间距 600 mm。支护后巷道顶底板和两帮变形如图 6-4 所示,可见仅 60 d 内,巷道两帮移近量为 650 mm,顶底板移近量为 2 900 mm,顶底板几乎已经闭合。

岩层名称	厚度/m	累厚/m	柱状	岩性描述
泥岩、泥灰岩互层	7.80	7.80		灰～浅灰，致密坚硬
泥岩、炭质泥岩	17.80	25.60		灰～黑色，炭质泥岩性软，不可燃；泥岩灰色，质纯，局部含油
含油泥岩	6.57	32.17		灰色，水平层理，裂隙较发育，下部含油较高
煤$_1$	0.98	33.15		褐黑色，条带状结构
油$_2$	3.68	36.83		褐灰色，上部含油较高，含螺类和介形虫化石
含油泥岩	15.87	52.70		褐黑色，具水平层理，贝壳状－平坦状断口，含少量贝类化石
煤$_2$	4.20	56.90		褐黑色，沥青光泽，条带状结构，夹矸为细砂岩或炭质泥岩
泥岩、砂岩	12.40	69.30		浅灰～深灰，含少量炭质及植物根化石，局部为中粗砂岩
煤$_3$、油$_3$	0.98	70.28		煤层为条带状结构，沥青光泽；油页岩深灰色，含炭较高
泥岩、砂岩	＞20			灰色，块状结构，分选差

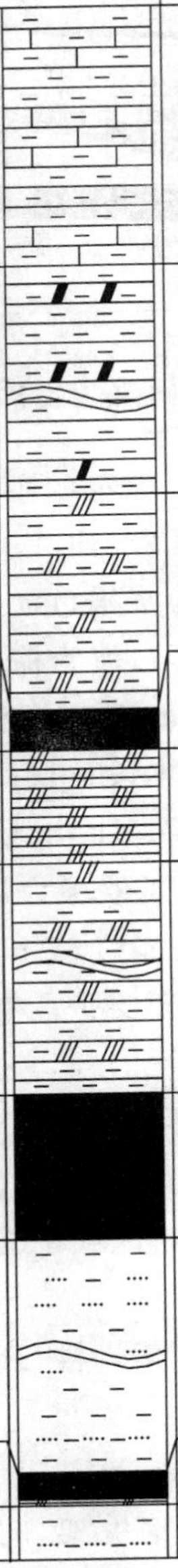

图 6-3　二采区回风上山地质柱状图

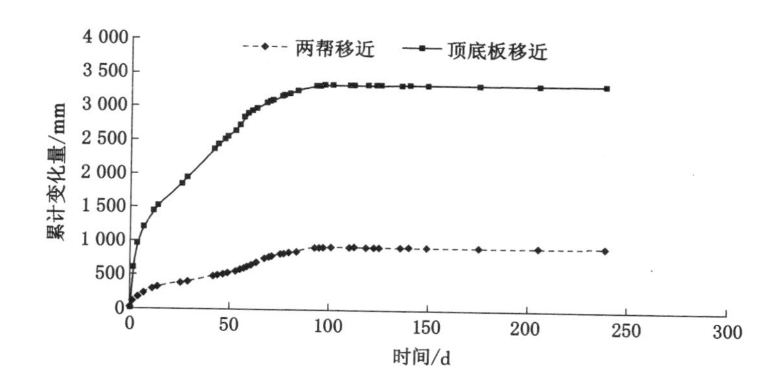

图 6-4　H2101 工作面运输联络巷围岩变形曲线

(3) H2103 工作面材料巷

支护方式：锚网喷＋U36 型钢支架＋混凝土碹。锚杆：ϕ16 mm×1 850 mm，间排距：600 mm×600 mm；金属网：主筋 ϕ16 mm，副筋 ϕ12 mm 钢筋网；碹体厚度：300 mm。支护后巷道顶底板和两帮变形如图 6-5 所示，H2103 工作面材料巷在正常情况下顶底板变形量控制在 300 mm 以下，两帮移近量控制在 100 mm 以下，但在受工作面采动影响后，巷道变形量急剧增大。

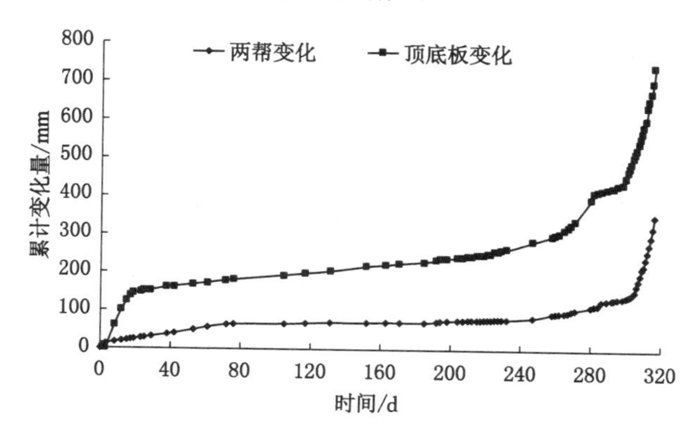

图 6-5　H2103 工作面材料巷围岩变形曲线

通过上述分析可以看出，北皂煤矿海域扩采区地层软，巷道采取传统的锚网喷、普通金属支架甚至混凝土碹体等支护方式都是无法控制巷道围岩变形破坏的。变形特点主要有：初始变形速率较大，持续变形时间长，顶底板移近量大于两帮移近量，受动压影响强烈。

依据承压环理论，巷道围岩自身强度太低，可锚性差，无法在巷道围岩内部建立承压环，需要在巷道围岩外重建承压环，承压环必须有足够大的支护反力以控制围岩。

6.2 巷道围岩地质力学参数测试

分别测试了北皂煤矿海域扩采二采区回风上山涉及的主要地层的岩石基本力学参数、水理性质参数、岩石矿物成分和岩石微观结构特征，并采用三轴地应力计对采区内地应力进行了测量和分析。

6.2.1 岩石力学参数测试

从深 150～300 m 范围内取芯进行岩石单轴抗压强度测试，共测试 20 块岩芯，地层为典型的软岩，单轴抗压强度一般在 5～30 MPa，见表 6-1。二采区回风上山所处地层岩石强度一般在 5～15 MPa，中间含很薄的坚硬岩层；钢管混凝土支架支护段处在含油泥岩层中，强度为 5.7～12.5 MPa，岩石强度低，属于软或极软岩层。

表 6-1　　煤$_2$顶底板岩石力学参数表

深度/m	岩层名称	弹性模量/MPa	泊松比	单轴抗压强度/MPa	极限应变/%
243.54	含油泥岩	1 351		6.5	0.576
243.91		16 579	0.297	95.6	0.825
262.54		1 172	0.274	6.0	0.847
273.34	油页岩	1 296	0.183	10.9	1.298
274.05		2 294	0.34	34.0	4.49
274.36		2 407	0.25	43.0	4.32
283.95	含油泥岩	1 431		12.5	1.12
285.57		1 041	0.21	5.7	0.80
293.58		993	0.36	10.7	0.97
293.73		1 441	0.25	5.7	0.76
298.23	煤$_2$	2 910	0.3	14.9	0.35

6.2.2 岩石水理性质测试

岩石的膨胀性与吸水率成正比，为了研究二采区回风上山所处地层的岩石膨胀性和吸水性，对岩石试样进行了测试，测试成果见表 6-2。岩石的吸水率一般在 20%～50%，最大的为 64.21%，平均为 36.2%。岩石的膨胀率一般为 8%～18%，最大的为 21.50%，平均为 13.5%。

二采区回风上山所处地层岩石吸水率一般为 20%～60%，膨胀率一般为 10%～20%。钢管混凝土支架支护段所处的含油泥岩层吸水率为 28.70%～42.61%，膨胀率为 12.95%～15.39%，吸水率较大，膨胀性较强。

表 6-2　　岩石水理参数测试表

深度/m	岩性	密度/(g/cm^3)	含水率/%	吸水率/%	芯长/mm	侧向约束膨胀量/(10^{-2}mm)	膨胀率/%	膨胀历时/s
239.04	含油泥岩	2.42	3.25	4.07	22	67	3.05	1 035
260.74	含油泥岩	2.06	15.33	56.19	23	382	16.61	2 100
266.78	含油泥岩	2.33	12.00	64.21	22	473	21.50	2 370
276.8	油页岩	2.14	16.01	53.79	25	377	15.08	2 940
278.25	油页岩	2.17	10.76	22.16	24	233	9.71	1 780
285.95	含油泥岩	2.23	11.22	42.61	23	326	14.17	2 800
287.53	含油泥岩	2.19	11.84	28.70	19	246	12.95	2 760
291.84	含油泥岩	2.17	10.13	31.34	20	297	14.85	2 245
292.97	含油泥岩	2.09	9.98	34.38	23	354	15.39	2 920

6.2.3 岩石成分分析

采用 XRD 型 X 射线衍射仪测试了岩石试样的矿物成分及含量，测试成果见表 6-3 和表 6-4。测试结果表明：岩石中黏土矿物的含量一般在 20%～60%，平均为 42.7%。在黏土矿物中，蒙脱石一般占 60%～90%，使得岩石具有高膨胀性。二采区回风上山所处地层岩石矿物成分含量较多的为石英和方解石，黏土矿物总量占 50%左右，其中蒙脱石含量最高；钢管混凝土支架支护段所处的含油泥岩层矿物成分主要为石英和黏土矿物，其中石英占36.2%，黏土矿物59.1%，黏土矿物中蒙脱石占 66%，高岭石占 26%。

表 6-3　　　　岩石矿物成分含量表

岩性	深度/m	矿物种类和含量/%						黏土矿物总量/%
		石英	斜长石	方解石	方英石	黄铁矿	方沸石	
生物碎屑泥岩	269	19	7.9	16.4		1.6	2.3	50.4
生物碎屑泥岩	271	11.5	1.7	23.8	10.3	3.4		49.3
油页岩	274.18	21.2	2.4	33.1	8.4	3.2	3.3	28.4
油页岩	275	16.6	3.3	13.8	6	1.5		57.6
含油泥岩	293	36.2	4					59.1

表 6-4　　　　黏土矿物成分相对含量表

岩性	黏土矿物相对含量/%			I/S 混层比/%
	S	I	K	
生物碎屑泥岩	94	5	1	95
生物碎屑泥岩	84	12	4	85
油页岩	91	9	0	100
油页岩	87	6	7	95
含油泥岩	66	8	26	95

注：S：蒙脱石，I：伊利石，K：高岭石，I/S：伊/蒙混层。

6.2.4　岩石微观结构

取深度 293 m 处含油泥岩岩样，制成扫描标本，采用电镜进行岩石微观结构扫描，分别放大 1 320 倍和 3 300 倍的岩石微观结构特征照片如图 6-6 和图 6-7 所示。可以看出岩石微裂隙发育，且连通性好，含有黏土矿物，片状黏土主要为蒙皂石，层间石英，泥质间含粒状钠长石颗粒，粒表少量针叶长石晶体。

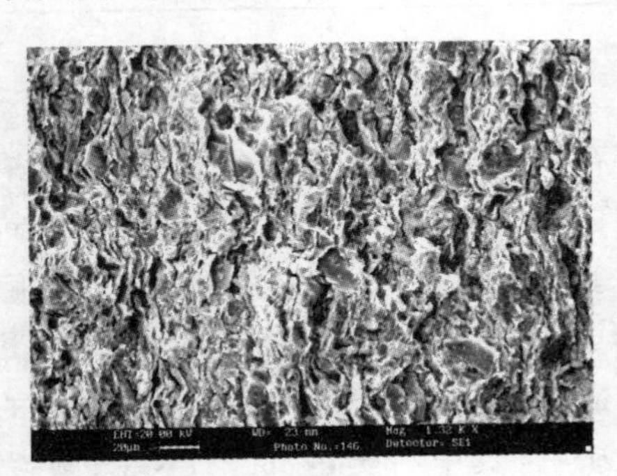

图 6-6　含油泥岩(293 m)1 320 倍微观结构

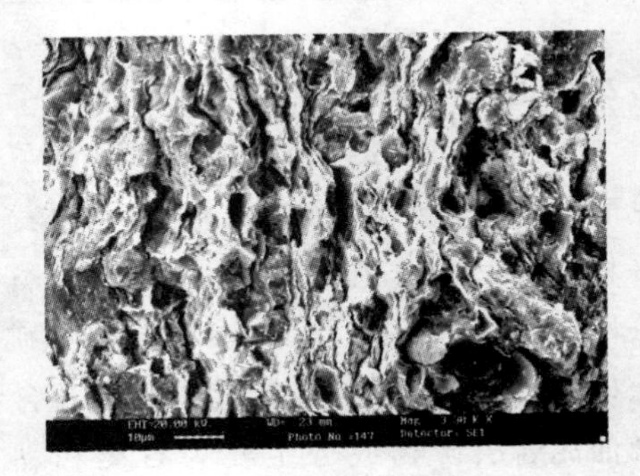

图 6-7　含油泥岩(293 m)3 300 倍微观结构

6.2.5 地应力测量

地应力是存在于地层中的未受工程扰动的原始应力。地应力的形成主要与地球的各种结构和运动过程有关，主要包括构造应力和自重应力。地应力的大小和方向决定着巷道布置、巷道支护措施、围岩变形破坏等，因此应在巷道设计和开掘支护前对采场的地应力进行实际测量。

6.2.5.1 地应力测量方法与原理

如图 6-8 所示，岩体中一单元体的应力状态可由选定坐标系中的 6 个分量：σ_x、σ_y、σ_z、τ_{xy}、τ_{yz}、τ_{zx} 表示。

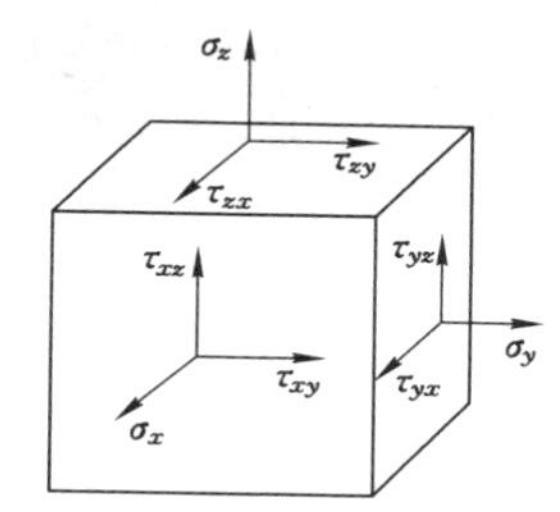

图 6-8 单元体的应力状态(6 个应力分量)

地应力的 6 个应力分量在正常情况下处于相对静止的平衡状态，测量原理是打破岩体原有应力状态，测量从原平衡状态到新平衡状态过程中的应变和位移，根据岩石的应力-应变关系，反推出此处的应力水平。

目前比较成熟且具有代表性的地应力测量方法主要有扁平千斤顶法、孔径变形法、水压致裂法、孔壁应变法和地应力解除法。本次测量采用地应力解除法，其基本原理为：通过在岩体中施工扰动钻孔打破其原有平衡状态，然后测量岩体因应力释放而产生的应变，通过应力应变效应间接测定地应力[162,163]。测量仪器采用中国地质科学院地质力学研究所研制的 KX-81 型空心包体三轴地应力计，外观如图 6-9 所示，内部结构如图 6-10 所示。其主体是一个用环氧树脂制成的壁厚 3 mm 的空心圆筒，外径为 36 mm，内径为 30 mm。在其中间部位(直径 35 mm 处)沿同一圆周等间距(间隔 120°)嵌埋着 3 组电阻应变花，每组应变花由 4 支应变片组成，相互间隔 45°，其布置方式如图 6-11 所示。空心包体应力解除钻孔结构如图 6-12 所示。

空心包体应力计使用方法及步骤：首先在应力计内部注满胶结剂，并用铝销钉将带有锥头的柱塞封口，以防胶结剂流出。使用定位器将应力计推入安装小孔中，当锥形头碰到小孔底后，用力推应力计，剪断固定销，柱塞便慢慢进入内

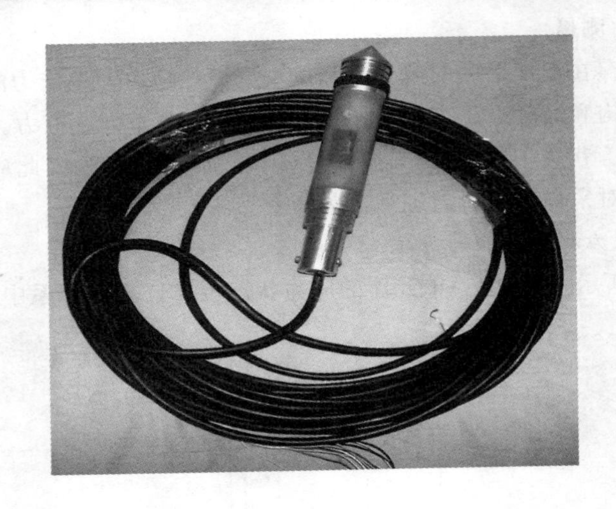

图 6-9　KX-81 空心包体应力计外观图

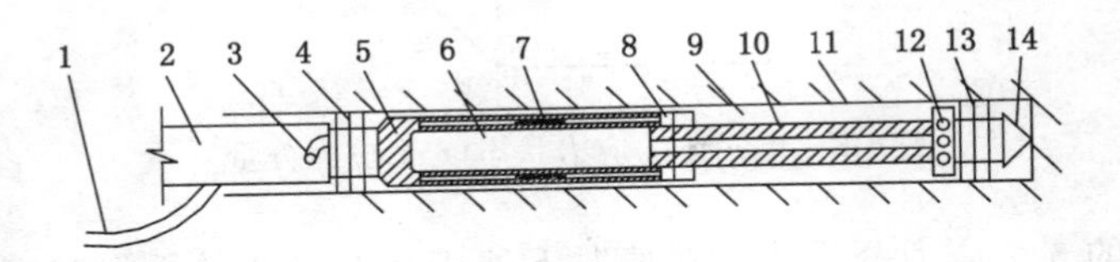

图 6-10　KX-81 空心包体应力计内部结构图

1——应力计电缆；2——安装杆；3——连接销；4——封闭圈；5——环氧树脂；
6——空腔(内装黏结剂)；7——电阻应变花；8——固定销；9——应力计与孔壁间空隙；
10——活塞；11——岩石钻孔；12——出胶小孔；13——封闭圈；14——导向头

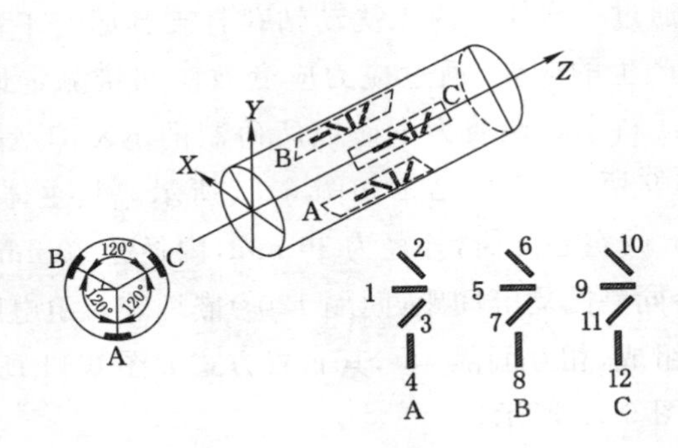

图 6-11　应变花及应变片布置图

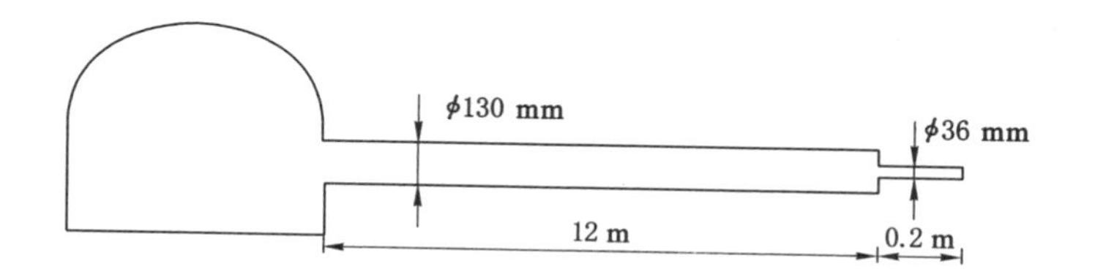

图 6-12　地应力测量钻孔结构示意图

腔，将胶结剂压出，胶结剂沿柱塞中心孔和圆筒端部的小孔流入应力计和孔壁之间的环状槽内，空心包体应力计两端的橡胶密封圈阻止胶结剂从该环状槽中流出。当柱塞完全被推入内腔后胶结剂全部流入环状槽内，并将环状槽充满。待胶结剂固化后，应力计即和孔壁牢固地胶结在一起，最后进行套芯解除。这种以环氧树脂为基质的空心包体应力计的突出优点是安装简便迅速，且成功率和可靠性高。应力计和孔壁在相当大的一个面积上胶结在一起，因此胶结质量好，而且胶结剂还可以注入应力计周围岩体中的裂隙、缺陷，使岩石整体化，且有较好的防水性能。

根据空心包体应力计所测量的应力解除过程中应变数据计算地应力的公式为[162,163]：

$$\begin{cases} \varepsilon_\theta = \dfrac{1}{E}\{(\sigma_x+\sigma_y)k_1+2(1-\nu^2)[(\sigma_y-\sigma_x)\cos 2\theta-2\tau_{xy}\sin 2\theta]k_2-\nu\sigma_z k_4\} \\ \varepsilon_z = \dfrac{1}{E}[\sigma_z-\nu(\sigma_x+\sigma_y)] \\ \gamma_{\theta z} = \dfrac{4}{E}(1+\nu)(\tau_{yz}\cos\theta-\tau_{zx}\sin\theta)k_3 \end{cases} \tag{6-1}$$

式中：ε_θ，ε_z，$\gamma_{\theta z}$ 分别是空心包体应力计所测周向应变、轴向应变和剪切应变值。

k 系数计算公式为：

$$\begin{cases} k_1=d_1(1-\nu_1\nu_2)[1-2\nu_1+\dfrac{R_1^2}{\rho^2}]+\nu_1\nu_2 \\ k_2=(1-\nu_1)d_2\rho^2+d_3+\nu_1\dfrac{d_4}{\rho_2}+\dfrac{d_5}{\rho^4} \\ k_3=d_6(1+\dfrac{R_1^2}{\rho^2}) \\ k_4=(\nu_2-\nu_1)d_1(1-2\nu_1+\dfrac{R_1^2}{\rho^2})\nu_2+\dfrac{\nu_1}{\nu_2} \end{cases} \tag{6-2}$$

d 值计算公式为：

$$\left\{\begin{aligned}
d_1 &= \frac{1}{1-2\nu_1+m^2+n(1-m^2)} \\
d_2 &= \frac{12(1-n)m^2(1-m^2)}{R_2^2 D} \\
d_3 &= \frac{1}{D}[m^4(4m^2-3)(1-n)+x_1+n] \\
d_4 &= \frac{-4R_1^2}{D}[m^6(1-n)+x_1+n] \\
d_5 &= \frac{3R_1^4}{D}[m^4(1-n)+x_1+n] \\
d_6 &= \frac{1}{1+m^2+n(1-m^2)}
\end{aligned}\right. \tag{6-3}$$

其中：

$$m=\frac{R_1}{R_2}$$

$$n=\frac{G_1}{G_2}$$

$$D=(1+x_2 n)[x_1+n+(1-n)(3m^2-6m^4+4m^6)]+(x_1-x_2 n)m^2[(1-n)m^6+(x_1+n)]$$

$$x_1=3-4\nu_1$$

$$x_2=3-4\nu_2$$

式中 R_1——空心包体内半径，m；

R_2——安装小孔半径，m；

G_1，G_2——空心包体材料环氧树脂和岩石的剪切模量，MPa；

ν_1，ν_2——空心包体材料环氧树脂和岩石的泊松比；

ρ——电阻应变片在空心包体中的径向距离，m。

空心包体应力计的应力解除过程如图 6-13 所示：①～③ 钻孔施工：钻孔深度 12 m 以上，孔径取 130 mm，钻孔上倾 3°～5°。然后磨平孔底，再用锥形钻头做锥形孔底。最后打小孔：孔径 36 mm，孔深 20 cm。④～⑤ 安装空心包体传感器：将空心包体外侧圆柱面打毛，装入黏结剂，固定好销钉；用定向器（如图 6-14所示）将空心包体传感器送入小孔中。⑥ 套芯地应力解除与应变测试：

在安装空心包体传感器 20 h 之后（环氧树脂已固化），将推杆和定向器从钻孔中拔出，记下定向器所显示的应力计的偏角，并用罗盘测量出钻孔的方位和倾角。接通应变仪，读取应变仪初始数据。按预定分级深度钻进 3 cm，进行套芯解除。每解除一级深度，停钻读数，连续读取两次。套芯解除至一定深度后，应力计读数趋于稳定，应力解除结束。⑦ 将含有空心包体传感器的岩芯折断并取出，对岩芯的岩性进行描述和力学参数测试。每个测孔都要进行两次测量：第一测点完成后，在钻孔孔底重新钻出锥形孔底，再打小孔，重复以上步骤，进行第二测点的测试。

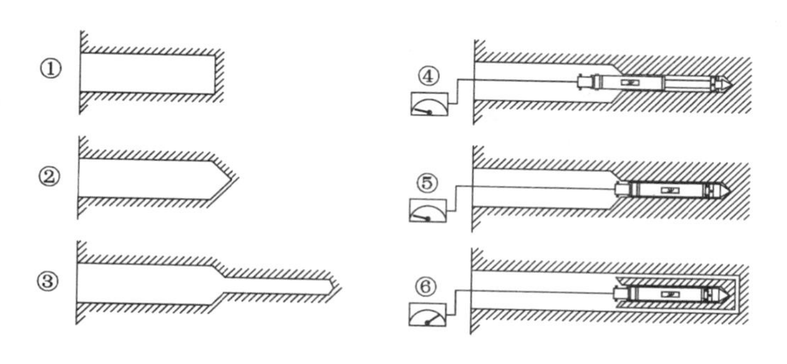

图 6-13　空心包体应力计应力解除过程示意图

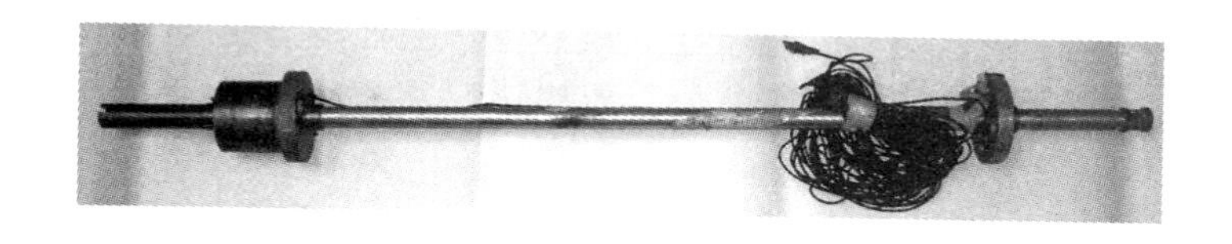

图 6-14　安装空心包体探头的定位器

地应力测量工作工艺精细要求高，包含多个技术环节：① 精确可靠的传感器及数据采集系统；② 科学合理地选择地应力测点；③ 对钻孔的平直度、孔径偏差、大小孔同心度和钻机操作等的严格控制。其中地应力测点的选择，一般必须满足以下三个方面的要求：① 所选地点应具有代表性；② 要避开断裂构造的影响，避免采煤和掘进等施工的影响；③ 应尽可能地在较完整、均质、层厚合适的岩层中进行。根据以上原则，结合北皂海域的地质开采条件，确定了三处地应力测量点，如图 6-15 所示，各测点钻孔技术特征见表 6-5。

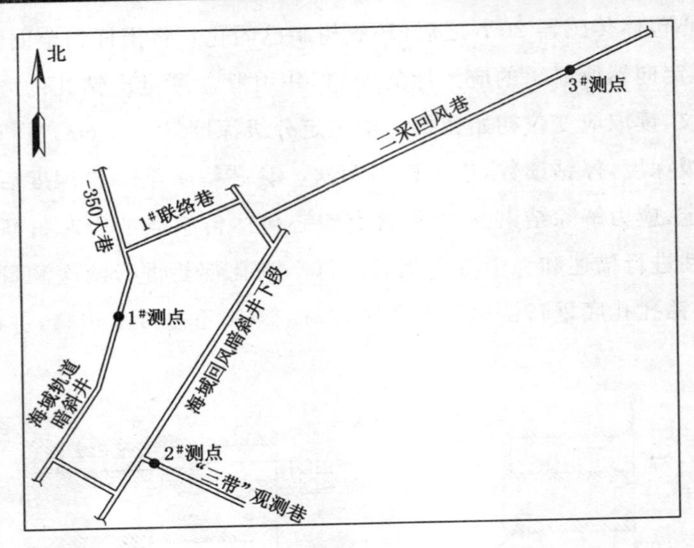

图 6-15　测点位置平面图

表 6-5　　北皂煤矿地应力测点钻孔技术特征表

测点	深度/m	岩性	位置	钻孔特征		
				孔深/m	方位角/(°)	倾角/(°)
1#	354.6	含油泥岩	－350 大巷	12	98	4
2#	351.7	含油泥岩	"三带"观测巷	12	70	1
3#	305	含油泥岩	二采区回风巷	12	126	5

6.2.5.2　地应力测试结果

实测得到北皂煤矿海域扩大区 3 个测点应力解除曲线分别如图 6-16～图 6-18所示，各图中 12 条曲线分别对应代表 KX-81 型空心包体三轴地应力计的 12 个应变片的测量结果。

分析图 6-16～图 6-18 可以得出：每一组应力解除曲线基本上可以分为无应力影响区、应力弹性释放区和应变稳定区。套孔解除过程中，在套孔解除深度未达到测量断面(即应变片所在位置)时各应变片所测得的应变值一般是较小的，某些应变片甚至测得负的应变值，这是套孔引起应力转移的结果，相当于"开挖效应"。当套孔解除深度接近测量断面时，曲线最终都向正的方向变化。最大的应变值发生在套孔钻头通过测量断面附近的时候。当套孔解除深度超过测量断面一定距离后，应变值逐渐稳定下来，其最终的稳定值将作为计算地应力的原始数据。

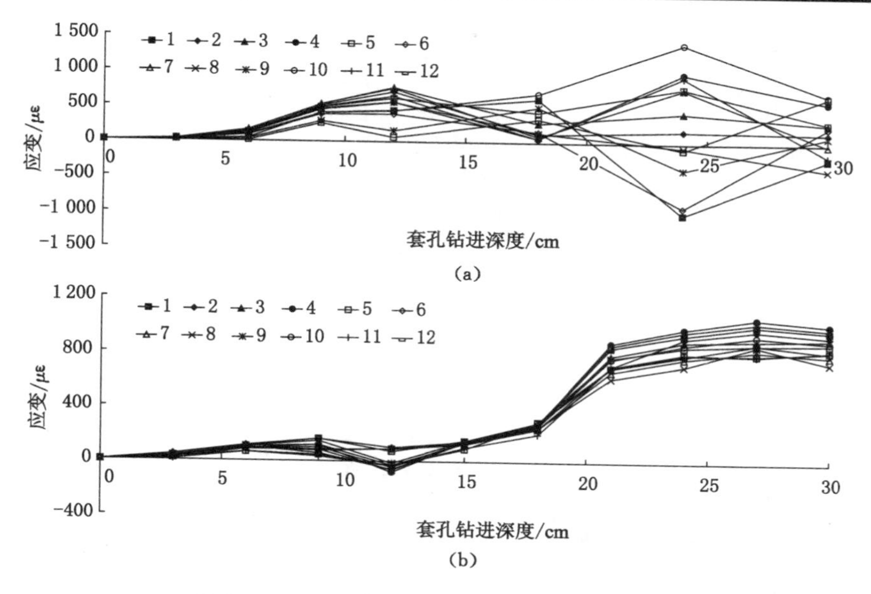

图 6-16 —350 大巷测点应力解除过程曲线图

(a) 第一次测试;(b) 第二次测试

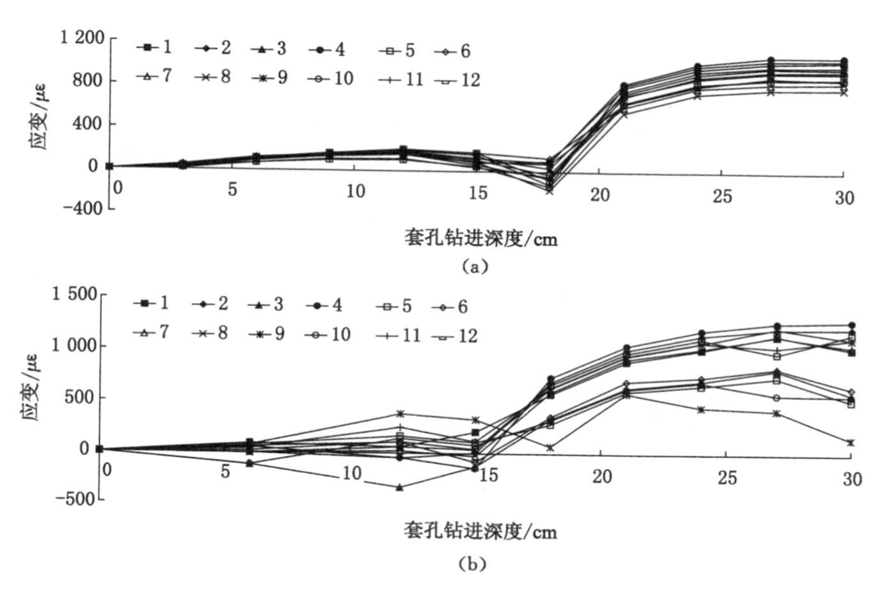

图 6-17 “三带”观测巷测点应力解除过程曲线图

(a) 第一次测试;(b) 第二次测试

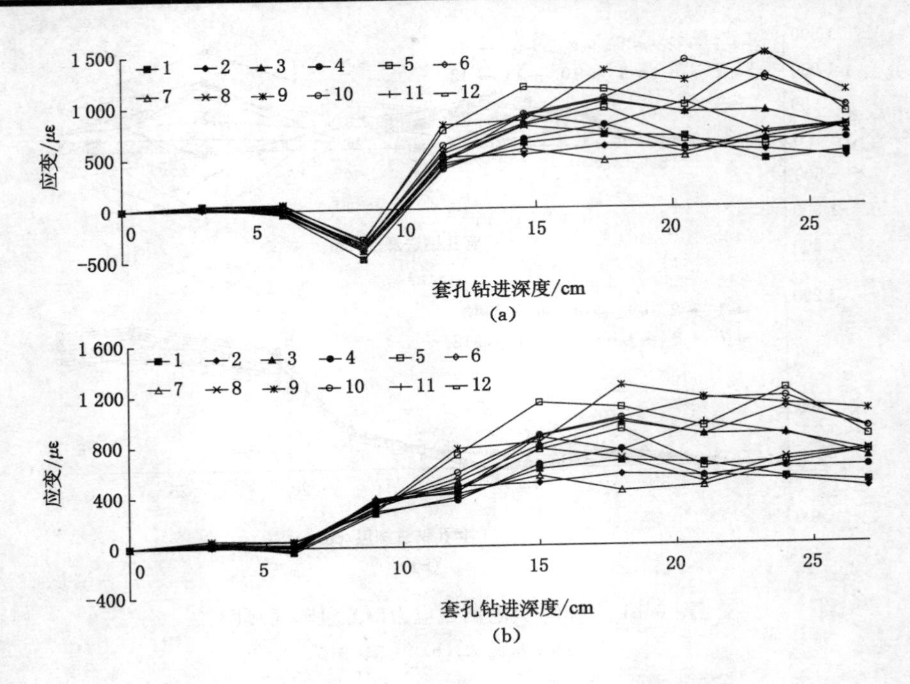

图 6-18　二采区回风巷测点应力解除过程曲线图

(a) 第一次测试;(b) 第二次测试

经实测北皂煤矿海域扩大区地应力各测点处岩石力学参数见表 6-6。根据实测的应变数据、测点岩石力学参数及钻孔的几何参数,经专用计算机软件分析计算得出该测点的地应力分量及主应力的大小和方向,测量结果汇总见表 6-7。三测点处最大主应力 σ_1 方向及大小分别为:－350 大巷处,方向北偏东 34°,$\sigma_1=11.4$ MPa;"三带"观测巷处,方向北偏东 42.6°,$\sigma_1=11.6$ MPa;二采区回风巷处,方向北偏东 56.9°,$\sigma_1=10.9$ MPa。

表 6-6　　北皂煤矿海域扩大区岩石力学参数表

测点位置	单轴抗压强度/MPa	弹性模量/MPa			泊松比
		垂直层理	平行层理	±45°	
－350 大巷	15.1	13 064	9 103	5 021	0.27
"三带"观测巷	11.6	14 983	10 964	6 992	0.265
二采区回风巷	10.5	14 226	8 934	6 876	0.27

表 6-7　　北皂煤矿海域扩大区地应力测量结果汇总表

钻孔位置与测点深度	孔内测点号	主应力				垂向应力/MPa
		主应力名称	大小/MPa	方位角/(°)	倾角/(°)	
1# 孔 −350 大巷 深 354.6 m	2#	σ_1	11.4	214	32.9	7.8
		σ_2	8.1	−53.5	3.8	
		σ_3	6.3	222.4	−56.8	
2# 孔 "三带"观测巷 深 351.8 m	1#	σ_1	11.8	212.8	33.2	8.1
		σ_2	8.4	−53.4	5.8	
		σ_3	6.4	225.3	−56.2	
	2#	σ_1	11.5	232.4	36.1	7.9
		σ_2	7.1	−14.6	28.2	
		σ_3	5.3	103.2	41	
3# 孔 二采区回风巷 深 305 m	1#	σ_1	11.1	236.9	21.1	6.3
		σ_2	7.1	−20.9	28.8	
		σ_3	5.1	116	53	
	2#	σ_1	10.6	236.9	21.1	6
		σ_2	6.7	−20.9	28.8	
		σ_3	4.8	116.1	53	

注：表中 σ_1——最大主应力；σ_2——中间主应力；σ_3——最小主应力。

6.2.5.3　地应力测量结果分析

通过上述分析可知：① 北皂海域三测点的 σ_1/σ_s 分别为 1.46、1.45、1.76，平均 1.56，本地区地应力场以水平构造应力为主。② 最大主应力与水平面的夹角平均为 28.9°，最大水平主应力的方位角为 34°～57°，平均为 44.5°。③ 最大主应力方向为北东方向，由于海域面积有限，且没有特殊的地质构造，可以推测在北皂煤矿海域扩采区最大主应力的方向不会有较大变化。

6.3　钢管混凝土支架支护方案设计

6.3.1　钢管混凝土支架结构设计

海域二采区回风上山为整个二采区服务，服务年限长，而岩石强度低，周边巷道围岩变形破坏严重，需采用支护反力较大的钢管混凝土支架配合混凝土碹体进行支护，以在巷道开挖空间内重建承压环，对围岩提供高支护反力，控制极软弱围岩的变形破坏。

巷道断面尺寸要求：净宽 3.8 m，净高 3.45 m。由于采区地应力 $\sigma_1/\sigma_s=1.56$，且周边巷道围岩变形时顶底板移近量远大于两帮移近量，因此海域二采区回风巷上山采用圆形断面钢管混凝土支架。

(1) 支架钢管选型：选用 ϕ194 mm×8 mm 的无缝钢管，单位长度质量为 36.7 kg/m；接头套管选用 ϕ219 mm×8 mm 的无缝钢管，ϕ219 mm×8 mm 的接头套管能够与 ϕ194 mm×8 mm 钢管较好匹配。

(2) 支架结构参数：如图 6-19 所示，钢管混凝土支架直径为 4.5 m，支架结构分为五段弧：左帮段、右帮段、左底拱段、右底拱段、顶拱段，采用套管连接。为增强钢管混凝土支架抗弯能力，在支架顶端内侧加焊 ϕ38 mm 圆钢，长度为 1 500 mm。支架断面参数见表 6-8。

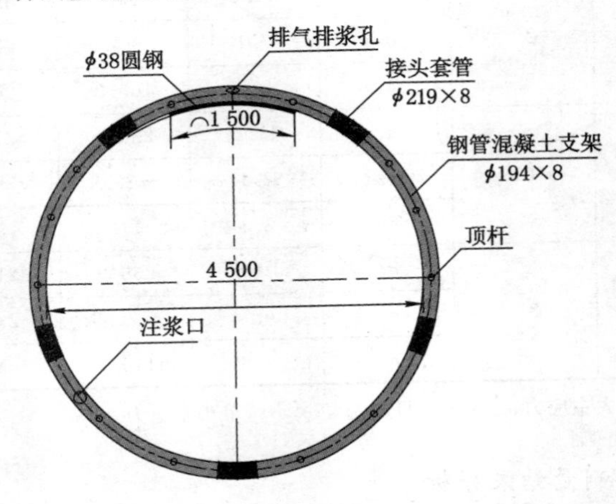

图 6-19 钢管混凝土支架参数

表 6-8 支架断面参数表

断面形状	支架直径 /m	支架周长 /m	支架净重 /kg	净高×净宽 /mm	底拱深度 /mm	支架节数
圆形	4.5	14.74	541	3 450×3 800	1 050	5

6.3.2 支架连接设计

支架顶拱段与左右两帮之间用接头套管连接，接头套管采用 ϕ219 mm×8 mm的钢管。接头套管连接方式：首先将顶拱段与左右帮段的钢管端面对齐，然后用相同弧度的钢管套接两端钢管，以保证两端钢管同心连接。为防止接头套管的滑动，在下端钢管上焊置挡环。

相邻钢管混凝土支架间用顶杆连接。顶杆可以连接相邻支架使之成为整体结构，同时又可以使支架各段由长杆变为短杆，防止长杆失稳破坏，增加支架稳定性。支架之间的间距为 800 mm，支架间设 10 根顶杆，顶杆间距为 1.5～1.8 m，小于 10 倍支架主体钢管管径，顶杆为 ϕ76 mm×5 mm 的钢管混凝土短柱。

6.3.3　混凝土配比

钢管混凝土支架内核心混凝土采用钢纤维混凝土，钢管内混凝土按 C40 配比，水泥选用标号为 42.5 普通硅酸盐水泥，粗骨料选用粒径 10～20 mm 的碎石，细骨料选用河砂，掺入早强减水剂。混凝土配比与材料用量见表 6-9。

表 6-9　　1 m³ 混凝土材料配比表

材料	水泥	砂子	碎石	早强减水剂	钢纤维	水	总计
用量/kg	467	560	1 074	9.3	117.6	196	2 423.9
质量比	1	1.2	2.3	0.02	0.25	0.42	
体积/m³	0.378	0.364	0.83	0.016	0.015	0.196	1

混凝土中的砂和石子作为骨料起骨架作用，钢纤维均匀分散于骨料周围，主要起增强、增韧、限裂和阻裂的作用，称为增强料。钢纤维混凝土中钢纤维的体积率小到一定程度时起到的增强作用不明显，国内一般以 0.5%为最小体积率，超过 2%时，和易性变差，施工较困难。钢纤维混凝土中乱向分布短纤维的作用主要是阻滞混凝土内部微裂缝的扩展和宏观裂缝的发展，使钢纤维混凝土保持宏观整体[164]。与普通混凝土相比，钢纤维混凝土具有优良的抗拉、抗弯、抗剪、抗裂、阻裂、耐冲击、抗疲劳、高韧性等性能。由于钢管混凝土支架部分位置受弯矩的作用，形成弯拉应力，因此提高核心混凝土的抗拉强度可以有效提高钢管混凝土支架整体的承载能力。

目前常用的几种钢纤维如图 6-20 所示，其特点见表 6-10。

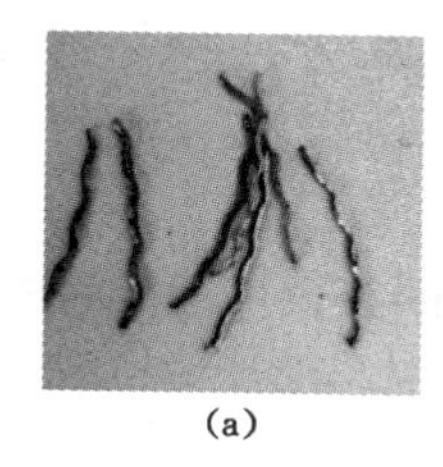
(a)
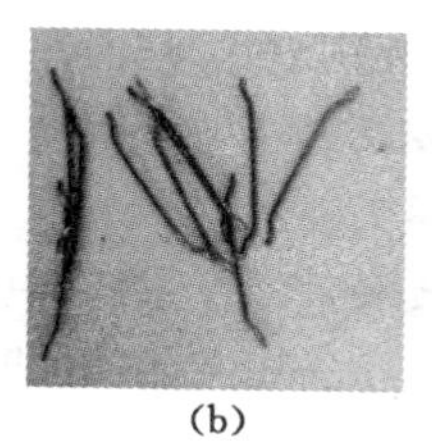
(b)
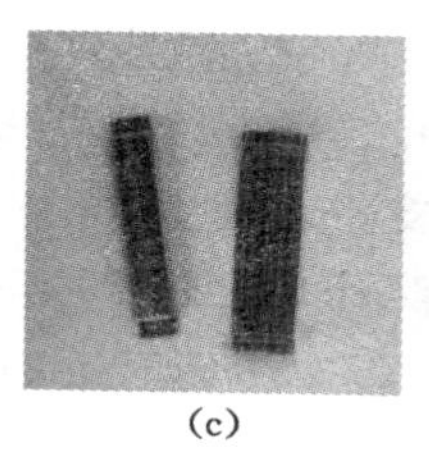
(c)
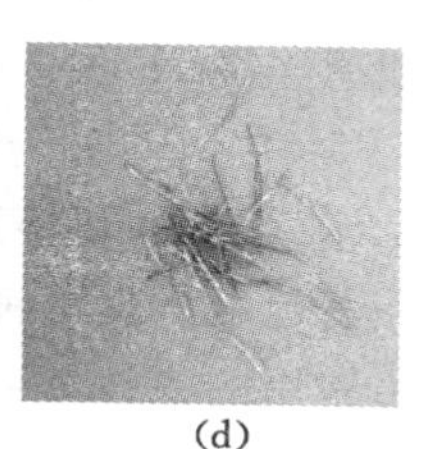
(d)

图 6-20　常用钢纤维类型

(a) 波浪型；(b) 端钩型；(c) 大端钩型；(d)超细高强型

表 6-10　　钢纤维强度及特性

类型	波浪型	端钩型	大端钩型	超细高强型
抗拉强度/MPa	300～400	1 700	1 200	3 000
特性	强度低，价格低		长度较长，且粘连成排	强度高，价格高，纤维细且短

钢纤维混凝土的抗拉强度计算公式为：

$$f_{ft}=f_t(1-\rho_t)+\eta_0\tau\frac{l_f}{d_f}\rho_f \tag{6-4}$$

式中　f_{ft}——钢纤维混凝土抗拉强度，MPa；

f_t——混凝土抗拉强度，MPa；

ρ_t——混凝土体积率；

ρ_f——钢纤维体积率；

η_0——钢纤维方向系数；

τ——钢纤维和混凝土的平均黏结应力，MPa；

l_f——钢纤维长度，mm；

d_f——钢纤维直径，mm。

钢纤维混凝土抗压试验表明，当钢纤维体积率 $\rho_f=0\sim2\%$时，钢纤维混凝土抗压强度最大提高 15%，平均 6%，通过多组试验结果回归分析得出如下公式：

$$\mu_{f_{fcu}}=\mu_{f_{cu}}(1+0.06\lambda_f) \tag{6-5}$$

式中　$\mu_{f_{fcu}}$——钢纤维混凝土抗压强度平均值，MPa；

$\mu_{f_{cu}}$——同强度等级混凝土抗压强度平均值，MPa；

λ_f——钢纤维含量特征参数，$\lambda_f=\rho_f\dfrac{l_f}{d_f}$。

则核心混凝土强度为：按核心素混凝土强度为 $\mu_{f_{fcu}}=38$ MPa 计算，钢纤维长径比取 100，体积率为 1.5%，代入式(6-9)得：

$$\mu_{f_{fcu}}=\mu_{f_{cu}}(1+0.06\lambda_f)=41.4(\text{MPa})$$

6.3.4　支架壁后碹体支护设计

在巷道地坪以上部分的钢管混凝土支架和巷道围岩中间挂金属网及隔绝水和风化作用的泡沫塑料板。金属网采用 ϕ8 mm 钢筋编成规格为 1 000 mm×1 000 mm钢筋网，网孔 100 mm×100 mm，网片之间压茬 100 mm，以防止网片连接处破坏而使钢筋网失去作用。由于围岩后期受动压影响会破碎，同时保证喷碹时混凝土黏结良好，钢筋网全断面铺设。在巷道地坪以下部分的钢管混凝土支架内侧铺设金属网及隔绝水和风化作用的泡沫塑料板。支架安装、钢筋网铺设、泡沫塑料板充填完成后，混凝土喷碹处理，喷碹厚度 300 mm。喷碹混凝土采用标号 42.5 的普通硅酸盐水泥配制，标号 C20，水灰比控制在 0.4～0.6，速凝剂掺量为水泥重量的 3%～5%。

支架壁后碹体支护与钢管混凝土支架支护共同组成二采区轨道支护方案。设计整体如图 6-21 所示。

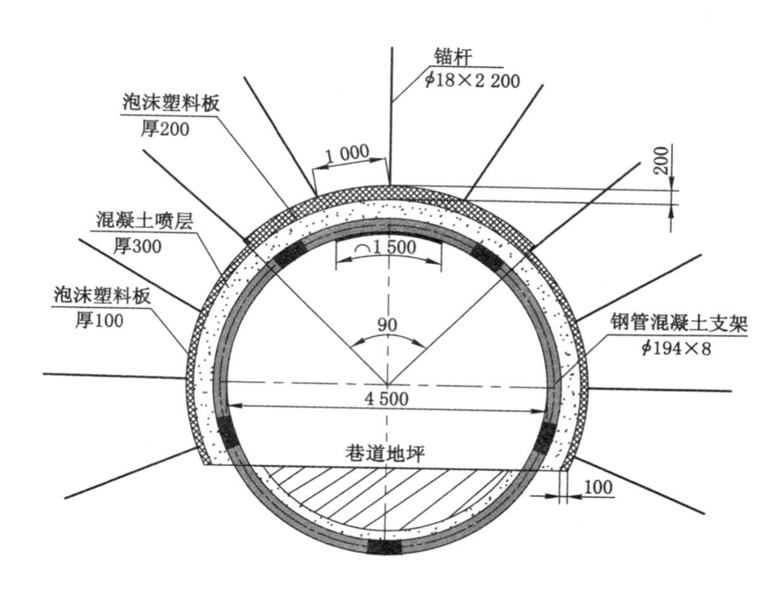

图 6-21　钢管混凝土支架支护断面图

支护后立即进行支架变形监测，若短时间内发现支架变形明显，说明钢管混凝土支架支护能力欠缺，需进一步改变或增加支护措施，以保持巷道稳定。提供以下几种方案，可作为支护强化的备用方案。

(1) 缩小支架间距：将现在支架缩减，以 800 mm 的距离逐步缩减直到支架间距变为 500 mm。

(2) 支架改用更粗或更厚的钢管：钢管的选型丰富，可以将钢管的直径由 ϕ194 mm 提高到 ϕ219 mm；同时钢管厚度可以从 8 mm 变成 10 mm。

6.4　支护结构体承载能力计算

6.4.1　钢管混凝土支架短柱承载力计算

支架钢管型号为 $\phi194\times8$，钢管选用 20# 碳素结构钢，钢材的屈服极限 $f_s=$

245 MPa，钢管的横截面积 $A_s=4\ 672\ mm^2$。核心混凝土为 C40 钢纤维混凝土，其轴心抗压强度 $f_c=41.4$ MPa，钢管内填混凝土横截面的净面积 $A_c=24\ 872\ mm^2$。

由式(2-9)得：

$$\theta=\frac{A_s f_s}{A_c f_c}=\frac{4\ 672\times245}{24\ 872\times41.4}=1.11$$

代入式(2-10)，得钢管混凝土结构短柱极限承载力设计值为：

$$N_0=A_c f_c(1+2\theta)=3\ 316(\mathrm{kN})$$

6.4.2 支架承载能力计算

由式(4-1)可得：

$$N_u=\varphi_1\varphi_\theta N_0=\varphi N_0=3\ 316\times0.78=2\ 586(\mathrm{kN})$$

即：支架承载能力为 2 586 kN。

由式(4-2)可得：

$$S\int_0^{180}\sin\theta\cdot\sigma R\,\mathrm{d}\theta=S\,\sigma R\int_0^{180}\sin\theta\mathrm{d}\theta=2N_u$$

式中 S——支架间距，0.8 m；

R——巷道计算半径，2.25 m；

σ——支架的支护反力，MPa。

可求出钢管混凝土支架的支护反力为 1.25 MPa。

6.4.3 混凝土碹体承载能力

根据式(5-42)计算混凝土碹体的承载力，如图 6-22 所示。

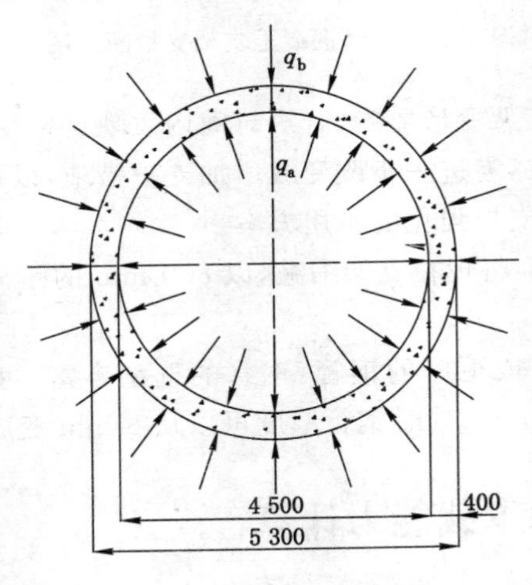

图 6-22 二采区回风巷混凝土碹体力学模型

混凝土碹强度 $f_c=9.6$ MPa，钢管混凝土支架，支护承载反力 $q_a=1.25$ MPa，代入式(5-42)得:混凝土碹体承载能力为 $q_b=-2.414$ MPa。即钢管混凝土支架+混凝土碹体共同支护,也就是在巷道围岩外,巷道空间内重建的承压环可提供的支护反力为 2.414 MPa。

6.5 钢管混凝土支架支护施工工艺

巷道支护施工工艺流程:① 开挖巷道断面;② 顶板布置锚杆作为临时支护;③ 安装空钢管支架;④ 在支架与围岩之间铺设钢筋网、泡沫塑料板;⑤ 在支架与围岩之间喷混凝土碹;⑥ 10~20 架钢管支架集中灌注混凝土。

(1) 空钢管混凝土支架施工顺序与方法:

① 巷道掘进 5~8 m 后,对巷道进行清理,清除底板渣石。

② 以巷道中心线为基准,按支架间距为 0.8 m 确定支架位置,首先通过固定锚杆将顶弧段钢管固定到预定位置。

③ 其次放入底拱段;与前一架支架的底拱段通过顶杆连接,安装好接头套管。

④ 最后安装两帮段,将帮腿段缓慢插到接头套管中。

⑤ 将顶弧段松动,使其端口对准帮段上的定位钢筋后缓慢插入,直到端口紧密结合,然后将提前套在顶弧段的接头套管向下移动到挡环;与前一架支架间安装顶杆。

⑥ 将支架通过在锚固耳板处打锚杆固定,每十架钢管支架锚固一架。

(2) 空钢管支架安装完成后,在钢管混凝土支架与巷道围岩之间铺设钢筋网、泡沫塑料板,然后对钢管混凝土支架与巷道围岩之间的空间喷射混凝土碹,喷碹厚度 300 mm。

(3) 钢管混凝土支架灌注混凝土工艺:

每安装 10~20 架空钢管支架灌注混凝土一次,灌注施工顺序如下:

① 混凝土输送泵平放在巷道,通过高压胶管与支架注浆短管连接。

② 连接电缆、布置水管,输送泵空载 15~20 min。

③ 拌制混凝土,每次搅拌约 1 m^3。

④ 连接注浆管路,依次为:输送泵→输送管→高压胶管→闸阀→支架注浆口。第一次使用输送泵时应先泵送一罐水泥砂浆以润滑管路,然后正常泵送注浆。支架灌注混凝土前先往钢管内放入少量水,起润滑作用。每次注浆提前连接好 5 架支架的输送管路,以方便管路连接,节约时间,防止输送管内混凝土凝固。

⑤ 每架灌注结束,以顶部排浆孔流出约 5 kg 混凝土作为标志。

⑥ 每架支架灌注结束后先停止泵送,然后关闭闸阀,拆卸管路,封堵排浆

孔。连接下一架，继续灌注，直到全部灌注完毕。

⑦ 灌注完毕后先停泵，卸掉搅拌箱多余混凝土，正反泵水洗管路、输送泵管道，拆卸管路，停泵，停止供水、最后断电。

钢管混凝土支架灌注混凝土示意如图 6-23 所示。

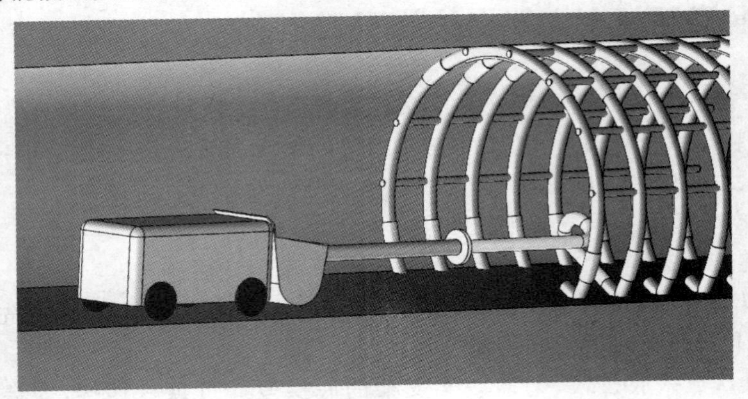

图 6-23　钢管混凝土支架灌注混凝土示意图

6.6　工程施工与巷道围岩及支架变形监测

6.6.1　工程施工

在二采区回风上山共安装钢管混凝土支架 40 架，空支架安装和混凝土灌注施工以及喷混凝土碹体同步进行。架设钢管混凝土支架后巷道如图 6-24 所示。

图 6-24　安装钢管混凝土支架后的巷道

6.6.2 钢管混凝土支架受力观测

采用液压枕监测支架-围岩作用力，液压枕结构如图 6-25 所示。分别在支架的顶部左右两侧顶部、两帮及左右两底角处各安设一台液压枕，如图 6-26 所示。间隔 3 d 读取一次数据，根据监测数据，作出载荷-时间曲线如图 6-27 所示。

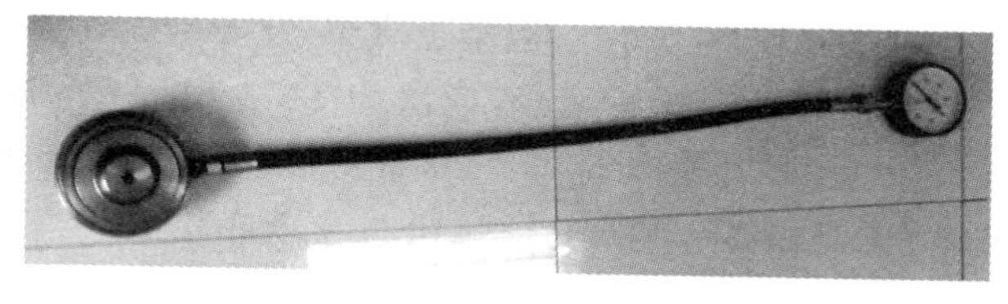

图 6-25 液压枕结构图

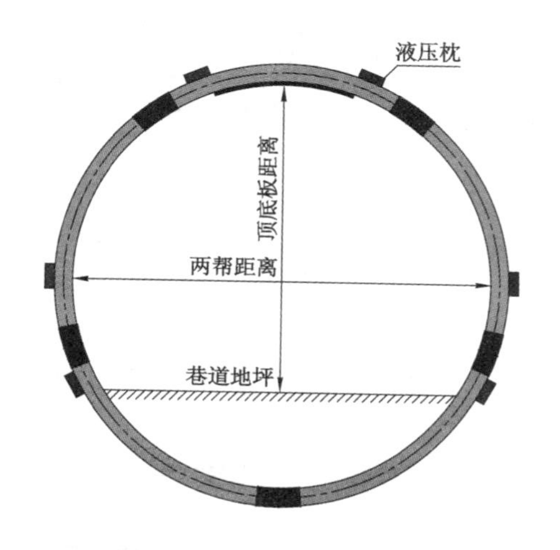

图 6-26 支架受力测点布置

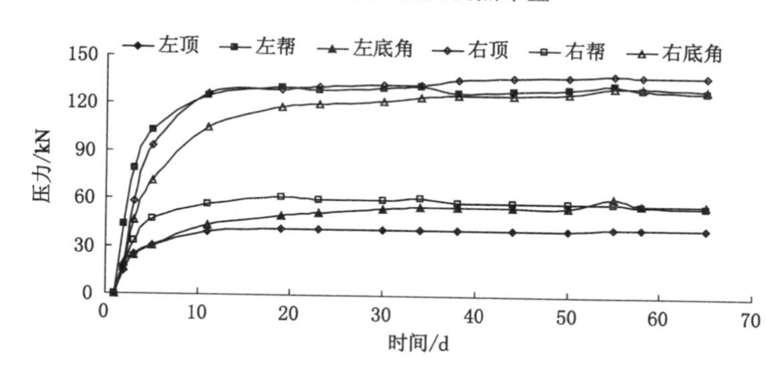

图 6-27 钢管混凝土支架荷载-时间曲线图

通过图 6-27 可以得出：该支架左顶、左帮、左底角、右顶、右帮、右底角处 65 d 内承受的最大载荷为：43.0 kN、129.3 kN、58.3 kN、138.8 kN、56.4 kN、130.8 kN，远远小于该型号钢管混凝土支架承载能力，支架处于稳定状态。

6.6.3 钢管混凝土支架及巷道围岩变形观测

二采区回风上山共安装 40 架钢管混凝土支架，从 −350 m 水平回风大巷进入二采区回风上山的巷道入口开始编号，依次为 1# ～40# 。分别监测 40 架支架两帮弧段的移近量，监测周期为 84 d。40 架支架的最大移近量如图 6-28 所示，其中 1# 支架、8# 支架和 30# 支架的顶弧段与巷道底板的移近量和两帮移近量如图 6-29～图 6-31 所示。

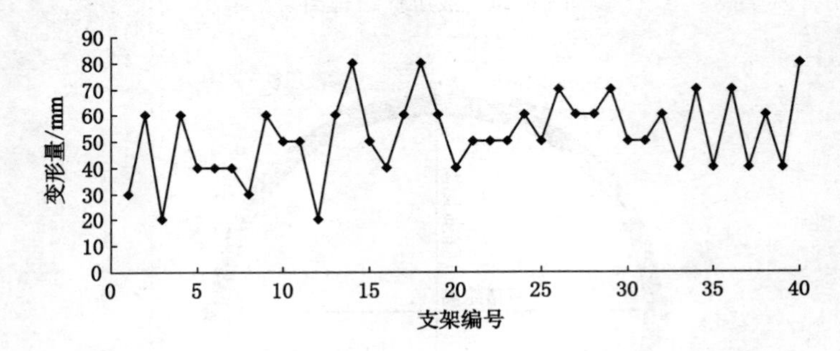

图 6-28　40 架支架两帮弧段的最大移近量

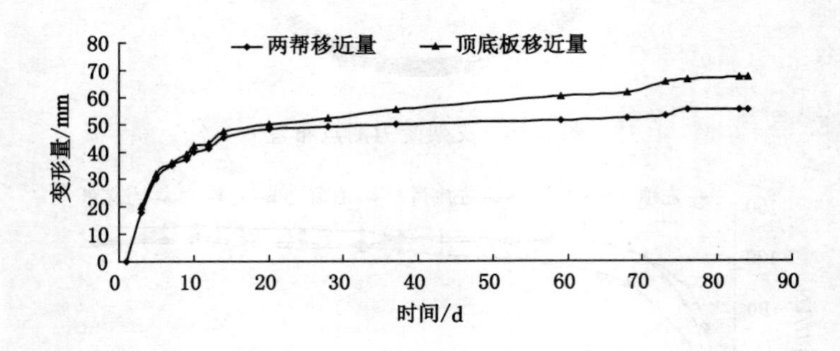

图 6-29　1# 支架变形量-时间曲线图

结合工程实际情况分析图 6-27～图 6-31 可知：

(1) 支架最大变形量约为 80 mm，在支架可承受变形范围内，支架稳定。

(2) 支架受力状态分为三个阶段，第一阶段：在支护后 5 d 内，变形量增长较快，支架受力较小，在此阶段支架和围岩逐渐接触并压实；第二阶段：支架被压实后，支架-围岩应力重新分布，支架变形量和支架受力逐渐趋于稳定；第三阶

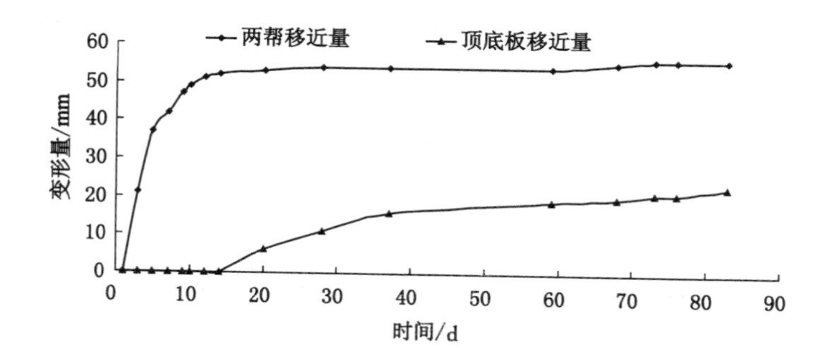

图 6-30 8# 支架变形量-时间曲线图

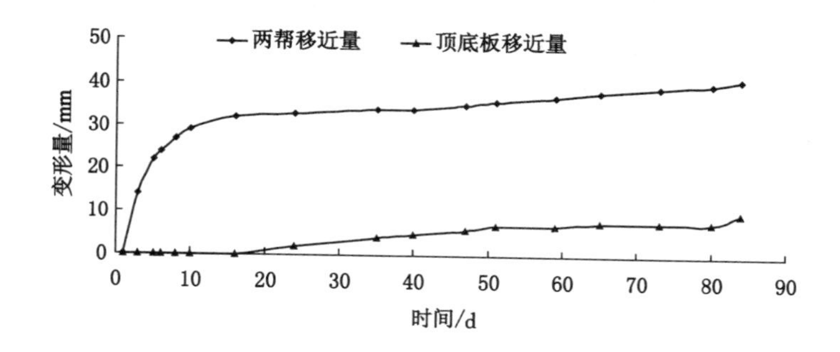

图 6-31 30# 支架变形量-时间曲线图

段:围岩内部以及围岩-支架应力重新分布完成,达到平衡状态,支架-围岩应力稳定,支架受力稳定,不再产生新的变形。

6.7 小结

本章主要对典型的软岩矿区——龙口矿区北皂煤矿海域扩采二采区回风上山的地质工程概况进行分析,提出了在巷道内通过钢管混凝土支架+混凝土碹体重建承压环的支护方案,并进行了支架受力和变形监测,主要得出以下结论:

(1) 北皂煤矿海域扩采二采区回风上山周边巷道采用锚网索喷+U型钢+混凝土碹等支护方式均不能有效控制围岩变形破坏。

(2) 对钢管混凝土支架支护段处在含油泥岩层的岩石力学强度、吸水率、膨胀率、矿物成分以及微观结构进行了测试,测试结果为:单轴抗压强度为 5.7～12.5 MPa,属于软或极软岩层;吸水率为 28.70%～42.61%,膨胀率为 12.95%～

15.39%,吸水率较大,膨胀性较强;矿物成分主要为石英和黏土矿物,其中石英占36.2%,黏土矿物59.1%(其中蒙脱石占66%,高岭石26%);岩石微裂隙发育,连通性好。

(3) 对采区进行了地应力测试,测试结果显示:$\sigma_1/\sigma_s=1.56$,地应力场以水平构造应力为主,最大主应力与水平面的夹角平均为28.9°,方位角34°～57°,平均为44.5°,方向为北东方向。

(4) 根据承压环强化支护理论,二采区回风上山支护方案为:钢管混凝土支架配合混凝土碹体,在巷道空间内重建承压环。

支架参数:圆形,直径4.5 m,五段弧之间用套管连接,支架之间用顶杆连接;主体钢管ϕ194 mm×8 mm,套管ϕ219 mm×8 mm,在支架顶端内侧加焊1 500 mm的ϕ38 mm圆钢;核心混凝土为C40钢纤维混凝土。

混凝土碹体参数:钢管混凝土支架和巷道围岩中间挂金属网及隔绝水和风化作用的泡沫塑料板,金属网采用ϕ8 mm钢筋,规格为1 000 mm×1 000 mm,网孔100 mm×100 mm,网片之间压茬100 mm,混凝土喷碹厚度300 mm,混凝土标号C20。

(5) 钢管混凝土支架的短柱套箍指标为1.11,承载力为3 316 kN,支架承载力为2 586 kN,支护反力为1.25 MPa,钢管混凝土支架+混凝土碹体共同建立的承压环的支护反力为2.414 MPa。

(6) 钢管混凝土支架支护段巷道矿压监测数据显示:支架最大变形量约为80 mm,支架和巷道围岩稳定。

7 主要结论与创新点

7.1 主要结论

本书主要通过理论分析、实验室测试、数值模拟分析以及现场实测的方法，在前人研究基础上对钢管混凝土支架结构、钢管混凝土短柱强度、钢管混凝土支架圆弧拱抗弯能力与抗弯强化技术、钢管混凝土支架承载性能、基于不同围岩条件下的软岩巷道承压环强化支护理论和软岩巷道支护方案设计与施工工艺等方面进行研究，通过研究得到以下结论：

(1) 钢管混凝土支架各部位受到的作用力主要有：轴向压力和弯矩的作用力；支架的失稳破坏形态主要有：整体结构失稳、受压变形破坏和弯矩作用造成弯曲变形破坏。

(2) 实验室测试了钢管混凝土短柱强度，试验结果见表7-1，钢管混凝土短柱承载能力大，轴向变形量最大可达30%以上，塑性状态后承载能力继续增大，属塑性硬化。

表 7-1　钢管混凝土短柱力学性能参数

钢管型号 /mm		弹性模量 /GPa	弹性极限强度/kN	弹性极限应变/%	塑性极限强度/kN	塑性极限应变/%
不同管径	ϕ159×8	2.95	1 900	0.756	2 500	3.7
	ϕ168×8	3.23	2 200	0.586	2 800	3.34
	ϕ180×8	3.57	2 300	0.704	2 900	6.64
	ϕ194×8	3.70	2 600	0.904	3 200	5.40
不同壁厚	ϕ194×6	1.93	2 100	0.866	2 700	7.00
	ϕ194×8	3.85	2 600	0.825	3 500	8.74
	ϕ194×10	4.20	3 000	0.839	4 100	7.45
	ϕ194×12	6.40	3 500	0.531	4 500	5.70

(3) 通过理论计算得出了钢管混凝土支架圆弧拱小变形弹性阶段的抗弯能力计算公式：$M_{极限}=M_c+M_s=f_y t\ (R+r)^2\cos\alpha_0+\frac{2}{3}f_c r^3\cos^3\alpha_0$，钢管混凝土支架圆弧拱型号 $\phi194\times8$，断面为 1/4 圆弧，其最大弯矩 $M_{极限}=78\ 005.4$ N·m，最大集中荷载 $F=541\ 704$ N。而同跨度钢管混凝土直梁能承受的最大集中荷载 $F=110\ 254$ N，仅为圆弧拱的 1/5。

(4) 提出了钢管混凝土支架圆弧拱抗弯能力强化措施：在钢管混凝土支架圆弧内侧钢管外部加焊与圆弧拱的内弧相同长度的圆钢或钢板，其承载能力理论值分别为 838 563 N 和 848 715 N，比未强化的圆弧拱承载能力分别提高了 55%和 57%。

(5) 对空钢管、钢管混凝土、加强圆钢和钢板钢管混凝土、U 型钢和工字钢圆弧拱试件的抗弯能力进行了实验室测试，试验结果见表 7-2。

表 7-2　抗弯能力试验结果汇总表

试件名称	最大载荷/kN	中点最大位移/mm
空钢管试件	707	77.9
钢管混凝土试件	1 145	213
加强圆钢钢管混凝土试件	1 330	229
加强钢板钢管混凝土试件	1 360	248
U 型钢试件	480	90
工字钢试件	150	98.9

试验结果表明在钢管混凝土支架圆弧拱内侧钢管外部加焊圆钢和钢板后，试件的抗弯能力分别提高了 16% 和 19%；钢管混凝土试件、加强圆钢钢管混凝土试件和加强钢板钢管混凝土试件中点垂向位移达 248 mm 时承载力没有明显下降；而空钢管试件、U 型钢试件和工字钢试件中点最大垂向位移均小于 100 mm，且承载力有明显下降趋势。因此，钢管混凝土支架塑性变形量大且具有塑性强化特性，可以对围岩进行适当让压并保持支架承载力不下降。

(6) 提出了钢管混凝土支架设计的要点和建议：钢管混凝土支架断面形状要与地应力场、巷道围岩变形特点相适应；钢管混凝土支架相邻两顶杆间距离应小于支架主体钢管直径的 10 倍；尽量减少支架受弯矩作用的范围和强度；支架部分范围可能受弯矩作用较大时，应对受弯部位进行抗弯强化处理；尽量使用圆弧段，减少直梁范围；尽量减少钢管段数，提高支架整体完整性。

(7) 推导出了钢管混凝土支架的极限承载力和可提供的支护反力的计算

公式。并通过试验测试了 ϕ194×8 和 ϕ168×6 两种型号钢管混凝土支架承载力：ϕ194×8 型钢管混凝土支架试件弹性极限荷载为 2 000 kN，极限荷载为 2 035 kN；ϕ168×6 型钢管混凝土支架试件弹性极限荷载为 1 500 kN，极限荷载为 1 600 kN；支架载荷超过弹性极限荷载后，承载力不降低，试件内核心混凝土已经开始破坏；支架变形最大的部位是支架的两肩位置，在顶部两端套管下部；试件试验过程可分为 4 个阶段：支架整体压实阶段、支架整体弹性阶段、塑性破坏阶段、卸荷阶段。

(8) 根据围岩自身强度，将围岩分为三类，不同类型的围岩的承压环强化方式和位置不同：中硬围岩：σ_c＞30 MPa，承压环强化范围和方式为巷道围岩内锚杆锚固的围岩；软弱围岩：10 MPa＜σ_c＜30 MPa，承压环强化范围和方式为巷道围岩内锚杆锚固围岩（注浆加固围岩）和巷道开挖空间内支设的钢管混凝土支架；极软弱围岩：σ_c＜10 MPa，承压环强化范围和方式为巷道空间内的钢管混凝土支架。通过数值模拟分析知：在中硬围岩条件下，在巷道围岩内通过锚杆支护技术进行承压环强化，即可维持巷道围岩稳定；而在软弱围岩条件下，不进行承压环强化或仅在巷道围岩内通过锚杆支护进行承压环强化时围岩变形量很大，无法控制围岩变形，需在巷道围岩内和巷道空间内共同进行承压环强化，强化方式为锚杆＋钢管混凝土支架支护，才可有效控制围岩变形；在极软弱围岩条件下，锚杆对围岩加固作用较小，无法在巷道围岩内进行承压环强化，只能在巷道空间内重新构建和强化承压环，承压环强化方式为钢管混凝土支架和混凝土碹体支护。

(9) 对北皂煤矿海域扩采二采区回风上山含油泥岩层的岩石力学强度、吸水率、膨胀率、矿物成分、微观结构及采区地应力场进行了测试，测试结果为：单轴抗压强度为 5.7～12.5 MPa，属于软弱或极软弱岩层；吸水率为 28.70%～42.61%，膨胀率为 12.95%～15.39%，吸水率较大，膨胀性较强；矿物成分主要为石英和黏土矿物，其中石英占 36.2%，黏土矿物 59.1%（其中蒙脱石占 66%，高岭石占 26%）；岩石微裂隙发育，连通性好；地应力场以水平构造应力为主，σ_1/σ_s=1.56，最大主应力与水平面的夹角平均为 28.9°，方位角平均 44.5°，方向为北东方向。

(10) 北皂煤矿海域扩采二采区回风上山支护方案为：钢管混凝土支架配合混凝土碹体，在巷道空间内重建承压环。支架参数：圆形，直径 4.5 m，五段弧之间用套管连接，支架之间用顶杆连接；主体钢管 ϕ194 mm×8 mm，套管 ϕ219 mm×8 mm，在支架顶端内侧加焊 1 500 mm 的 ϕ38 mm 圆钢；核心混凝土为 C40 钢纤维混凝土；支架承载力为 2 586 kN，支护反力为 1.25 MPa。混凝土碹体参数：钢管混凝土支架和巷道围岩中间挂金属网及隔绝水和风化作用的泡沫塑料板，金属网采用 ϕ8 mm 钢筋，规格为 1 000 mm×1 000 mm，网孔 100 mm×100 mm，网片之间压茬 100 mm；混凝土喷碹厚度 300 mm，混凝土标号 C20。施工后矿压监测数据显示：支架最大变形量约为 80 mm，支架和巷道围岩稳定。

7.2 主要创新点

（1）分析了现场钢管混凝土支架的变形特征，发现了其低抗弯特性，提出了支架抗弯强化措施，推导分析了支架抗弯性能，试验了抗弯强化后的钢管混凝土支架单节弧形的力学性能，得出了其承载能力。

（2）根据软岩巷道特性，将其划分为中硬、软弱和极软弱三类；对于不同岩性，提出了分别在围岩内、围岩内外、巷道开挖空间内构造承压环。建立了三种承压环力学模型，提出了相应的支护技术，并分析了其力学性能。

（3）针对龙口矿区极软弱岩层，实测了地应力、岩石强度和水理参数等。采用钢管混凝土支架等支护技术，在极软弱岩层巷道内构建承压环强化支护结构，优化设计了支护方案，现场支护实践证明巷道稳定性良好。

7.3 讨论

抗弯性能是钢管混凝土受弯结构稳定性的重要影响因素，对钢管混凝土支架整体承载能力也有重要影响。但是目前针对钢管混凝土抗弯强度的研究大都通过对具体的钢管混凝土结构进行试验，而理论计算方面的研究较少。本书3.1和 3.2 节对钢管混凝土支架圆弧拱和抗弯强化圆弧拱的理论计算，是在参考文献[143]中假设在极限状态受拉和受压部分都达到屈服的前提条件下进行分析的。显然该假设与实际情况有较大差异，在极限状态时，首先是钢管混凝土截面底部开始受拉屈服，而在中性轴附近的受拉部分和受压部分均未屈服，因此根据此假设条件进行的计算结果比实际值偏大。虽然文献[143]对该假设条件下推导的计算结果和试验结果进行了对比（如图 7-1 所示），证明理论计算结果与实际试验值差距较小。但本书在计算中由于未加强化措施时，薄壁钢管混凝土的钢管截面积较小，使得计算结果影响较小，而加强化措施后，钢管的截面积增大，使得假设条件对结果影响较大。

本书在钢管混凝土抗弯强度理论计算研究过程中提出以下计算思路：

假设：

（1）构件在受弯的时候，横截面没有发生变形，只是绕中性轴发生转动，从而钢管和混凝土的应变成线性关系，如图 7-2 所示，而钢管和混凝土应力可以根据应变和弹性模量来求得。假设应变为 y，则应力可以表示为应变的函数，通过积分求得中性轴上的压力之和和中性轴下的拉力之和。根据力的平衡关系进一步推导出中性轴位置。

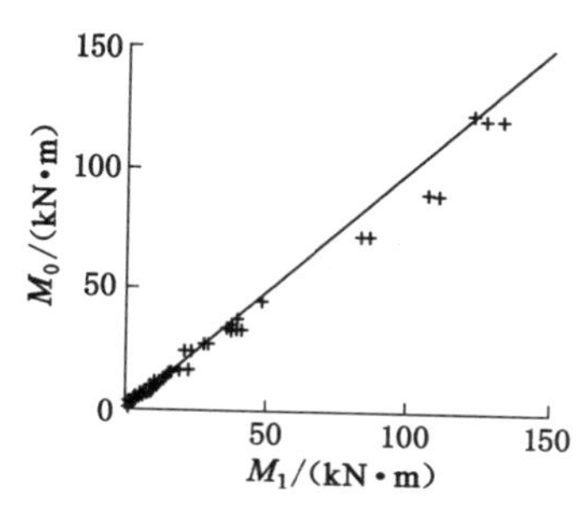

图 7-1　文献[143]中理论值与试验值对比图

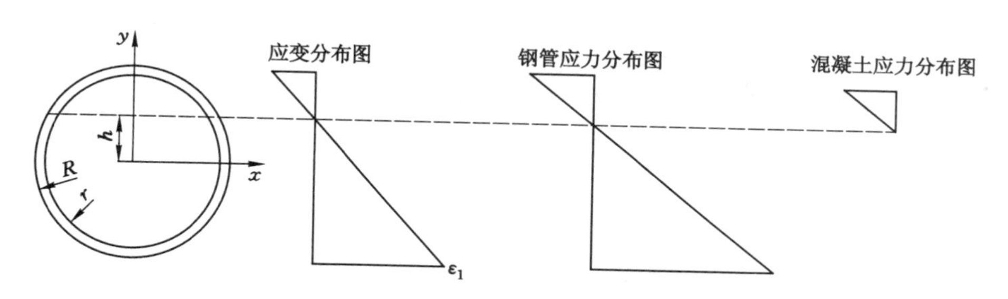

图 7-2　钢管混凝土受弯应力、应变分析图

中性轴上部钢管的作用力 F_1，中性轴上部混凝土的作用力 F_2，中性轴下部钢管的作用力 F_3。

(2) 构件在受弯屈服破坏时，只有钢管混凝土截面下部的钢管产生拉伸屈服破坏，而钢管的其他部位处于弹性状态。

根据应变分布关系，各部位应变为：

$$\varepsilon_y = \left(-\frac{y-h}{R+H}\right)\varepsilon_1 \tag{7-1}$$

$$\begin{aligned} F_1 = &\int_h^r 2\left(\sqrt{R^2-y^2}-\sqrt{r^2-y^2}\right)\cdot\left(-\frac{y-h}{R+h}\right)\varepsilon_1\cdot E_{钢}\,\mathrm{d}y + \\ &2\int_r^R\left(\sqrt{R^2-y^2}\right)\left(-\frac{y-h}{R+h}\right)\varepsilon_1 E_{钢}\,\mathrm{d}y = \\ &-2E_{钢}\,\varepsilon_1\left[\int_h^R \frac{\sqrt{R^2-y^2}}{2(R+h)}\mathrm{d}y^2-\int_r^R\frac{h\sqrt{R^2-y^2}}{R+h}\mathrm{d}y-\right. \end{aligned}$$

$$\int_h^R \frac{\sqrt{r^2-y^2}}{2(R+h)}\mathrm{d}y^2+\int_h^r \frac{h\sqrt{r^2-y^2}}{R+h}\mathrm{d}y\Big]=$$

$$-2E_{钢}\,\varepsilon_1\left[\frac{(R^2-h^2)^{\frac{3}{2}}}{3(R+h)}-\right.$$

$$\frac{h\pi R\sqrt{\frac{R}{R-h}}\sqrt{R(R-h)}-2h\sqrt{R^2-h^2}-2R^2\arctan\left(\frac{h}{\sqrt{R^2-h^2}}\right)}{4(R+h)}-$$

$$\left.\frac{(r^2-h^2)}{3(R+h)}-\frac{h\pi r\sqrt{\frac{r}{r-h}}\sqrt{r(r-h)}-2h\sqrt{r^2-h^2}-2r^2\arctan\left(\frac{h}{\sqrt{r^2-h^2}}\right)}{4(R+h)}\right] \tag{7-2}$$

$$\begin{aligned}F_2&=\int_h^r 2\sqrt{r^2-y^2}\,\varepsilon_y E_{砼}\,\mathrm{d}y=\\&\int_h^r 2\sqrt{r^2-y^2}\left(-\frac{y-h}{R+h}\right)\varepsilon_1 E_{砼}\,\mathrm{d}y=\\&-2E_{砼}\,\varepsilon_1\int_h^r \frac{y\sqrt{r^2-y^2}}{R+h}\mathrm{d}y-\int_h^r\frac{h\sqrt{r^2-y^2}}{R+h}\mathrm{d}y=\\&-2E_{砼}\,\varepsilon_1\left[\frac{(R^2-h^2)^{\frac{3}{2}}}{3(R+h)}-\right.\\&\left.\frac{h\pi r\sqrt{\frac{r}{r-h}}\sqrt{r(r-h)}-2h\sqrt{r^2-h^2}-2r^2\arctan\left(\frac{h}{\sqrt{r^2-h^2}}\right)}{4(R+h)}\right]\end{aligned} \tag{7-3}$$

$$\begin{aligned}F_3&=\int_{-R}^h 2\left(\sqrt{R^2-y^2}-\sqrt{r^2-y^2}\right)\cdot\left(\frac{y-h}{R+h}\right)\varepsilon_1 E_{钢}\,\mathrm{d}y+\\&2\int_{-r}^h\sqrt{R^2-y^2}\left(\frac{y-h}{R+h}\right)\varepsilon_1 E_{钢}\,\mathrm{d}y=\\&2E_{钢}\,\varepsilon_1\left\{-\frac{(R^2-h^2)^{\frac{3}{2}}}{3(R+h)}+\frac{h\pi R}{4(h+R)}\left[\sqrt{\frac{r}{h+r}}\sqrt{r(h+r)}+\right.\right.\\&\left.\frac{1}{6}(h^2+2r^2)\sqrt{R^2-r^2}+3hr^2\arctan\left(\frac{h}{\sqrt{r^2-h^2}}\right)\right]+\\&\frac{(r^2-h^2)^{\frac{3}{2}}}{3(R+h)}+\frac{h}{4(h+R)}\left[\pi r\sqrt{\frac{r}{h+r}}\sqrt{r(h+r)}+\right.\\&\left.\left.2h\sqrt{r^2-h^2}+3r^2\arctan\left(\frac{h}{\sqrt{r^2-h^2}}\right)\right]\right\}\end{aligned} \tag{7-4}$$

将 $R=97$ mm，$r=89$ mm，$E_{钢}=206$ GPa，$E_{砼}=32.5$ GPa 代入上式，经过 Mathematica 软件运算后得到 $h=11.447\ 5$ mm。

把 h 值代入式(7-2)～式(7-4)得：

$$M_1=\int y\mathrm{d}F_1=-78\ 322.2+15\ 407.9+55\ 462.9-1\ 185.41=-8\ 636.81\ (\mathrm{N\cdot m})$$

$$M_2=\int y\mathrm{d}F_2=-8\ 602.41+1\ 838.59=-6\ 763.82\ (\mathrm{N\cdot m})$$

$$M_3=\int y\mathrm{d}F_3=-78\ 758.7-15\ 407.9+55\ 863.1+11\ 854.1=-26\ 449.4\ (\mathrm{N\cdot m})$$

$$M_{极限}=-(M_1+M_2+M_3)=41\ 850.03\ (\mathrm{N\cdot m})$$

根据弹性中心法计算所得最大弯矩与集中力关系：$M=0.144F$，据此得：$F=290\ 625$ N。

这一结果与 3.1 节所得结果($M_{极限}=78\ 005.4$ N·m，$F=541\ 704$ N)差距较大，主要是假设条件不同造成的。本章的假设条件是：构件受弯屈服时只有钢管截面最下端受拉产生屈服，而 3.1 节中假设构件受弯屈服时钢管截面整体全部屈服。两种假设条件均有不合理之处，有必要进一步通过试验和理论对钢管混凝土受弯屈服时的截面屈服范围进行进一步的研究。

参考文献

[1] 何满潮,钱七虎.深部岩体力学基础[M].北京:科学出版社,2010.
[2] 袁亮.深井巷道围岩控制理论及淮南矿区工程实践[M].北京:煤炭工业出版社,2006.
[3] 李德忠,夏新川,韩家根,等.深部矿井开采技术[M].徐州:中国矿业大学出版社,2005.
[4] 谢和平,彭苏萍,何满潮.深部开采基础理论与工程实践[M].北京:科学出版社,2006.
[5] 康红普,王金华,林健.煤矿巷道锚杆支护应用实例分析[J].岩石力学与工程学报,2010(4):649-664.
[6] 谢和平.深部高应力下的资源开采——现状、基础科学问题与展望[C]//香山科学会议.科学前沿与未来 第6集.北京:中国环境科学出版社,2002.
[7] HOU C J. Review of roadway control in soft surrounding rock under dynamic pressure[J]. Journal of Coal Science and Engineering,2003,9(1):1-7.
[8] 谢和平.深部开采基础理论与工程实践[M].北京:科学出版社,2006.
[9] 靖洪文,李元海,赵保太,等.软岩工程支护理论与技术[M].徐州:中国矿业大学出版社,2008.
[10] 常庆粮,周华强,李大伟,等.软岩破碎巷道大刚度二次支护稳定原理[J].采矿与安全工程学报,2007,24(2):169-177.
[11] 赵先刚.锚注联合支护技术在高应力松软围岩巷道中的应用[J].煤炭工程,2007(2):38-40.
[12] 鲁小春.软岩大断面交岔点锚网喷+锚索联合支护的应用[J].煤炭技术,2008(6):58-60.
[13] 刘波.超大工作面软岩复杂巷道的支护技术[J].煤矿支护,2008(2):16-23.
[14] 孙晓明,杨军,郭志飚.深部软岩巷道耦合支护关键技术研究[J].煤矿支护,2009(1):17-22.

[15] 肖干才,陈海荣.用联合支护技术修复高应力软岩破碎巷道[J].矿业安全与环保,2008,35(6):57-61.

[16] 黄兴,刘泉声,乔正.朱集矿深井软岩巷道大变形机制及其控制研究[J].岩土力学,2012,33(3):827-834.

[17] 汪海波,徐颖.爆破对软岩巷道松动范围影响的测试与分析[J].煤矿安全,2012(11):198-200.

[18] 王红伟,张建华,曾佑富.倾斜煤层软岩巷道底鼓机理分析及控制技术[J].煤炭工程,2012(6):72-75.

[19] 孟庆彬,韩立军,乔卫国,等.深部高应力软岩巷道断面形状优化设计数值模拟研究[J].采矿与安全工程学报,2012,29(5):650-656.

[20] 刘小平.蒙东地区软岩巷道变形力学机制和控制对策[J].煤炭工程,2012(7):39-41.

[21] 孟庆彬,韩立军,乔卫国,等.深部高应力软岩巷道变形破坏特性研究[J].采矿与安全工程学报,2012,29(4):481-486.

[22] 陆银龙,王连国,张蓓,等.软岩巷道锚注支护时机优化研究[J].岩土力学,2012,33(5):1395-1401.

[23] 孟庆彬,韩立军,乔卫国,等.基于地应力实测的深部软岩巷道稳定性研究[J].地下空间与工程学报,2012,8(5):922-927.

[24] 王忠福,刘汉东,王四巍,等.深部高地应力区软岩巷道模型试验及数值优化[J].地下空间与工程学报,2012,8(4):710-715.

[25] 刘泉声,肖虎,卢兴利,等.高地应力破碎软岩巷道底臌特性及综合控制对策研究[J].岩土力学,2012,33(6):1703-1710.

[26] 张海洋,孙利辉.深井高应力软岩巷道让均压加固技术研究[J].煤炭工程,2012(11):20-22.

[27] 李海燕,李术才.膨胀性软岩巷道支护技术研究及应用[J].煤炭学报,2009,34(3):325-328.

[28] 王波.软岩巷道变形机理分析与钢管混凝土支架支护技术研究[D].北京:中国矿业大学(北京),2009.

[29] 蔡绍怀.现代钢管混凝土结构[M].北京:人民交通出版社,2003.

[30] 钟善桐.高层钢管混凝土结构[M].哈尔滨:黑龙江科学技术出版社,1999.

[31] 韩林海.钢管混凝土结构——理论与实践[M].北京:科学出版社,2004.

[32] 高延法,王波,王军,等.深井软岩巷道钢管混凝土支护结构性能试验及应用[J].岩石力学与工程学报,2010,29(S1):2604-2609.

[33] 郑颖人.地下工程锚喷支护设计指南[M].北京:中国铁道出版社,1988.

[34] 李庶林,桑玉发.应力控制技术及其应用综述[J].岩土力学,1997,18(1):90-96.
[35] 陈宗基.对我国土力学、岩体力学中若干重要问题的看法[J].土木工程学报,1963,9(5):24-30.
[36] 陈宗基.地下巷道长期稳定性的力学问题[J].岩石力学与工程学报,1982,2(1):1-21.
[37] 董方庭,宋宏伟,郭志宏,等.巷道围岩松动圈支护理论[J].煤炭学报,1994,19(1):21-32.
[38] 高树棠,董方庭.用围岩松动圈研究锚喷支护参数[J].煤炭科学技术,1987(12):23-26.
[39] 郭志宏,董方庭.围岩松动圈与巷道支护[J].矿山压力与顶板管理,1995(3-4):111-114.
[40] 靖洪文,付国彬,董方庭.深井巷道围岩松动圈预分类研究[J].中国矿业大学学报,1996,25(2):47-51.
[41] 宋宏伟,郭志宏,周荣章,等.围岩松动圈巷道支护理论的基本观点[J].建井技术,1994(4):3-9.
[42] 夏吉光,董方庭.巷道收敛变形与围岩松动圈的关系[J].建井技术,1993(2):39-40.
[43] 张胜利,贺永年,董方庭.巷道围岩松动圈与锚喷支护作用原理的探讨[J].煤炭科学技术,1981(1):24-26.
[44] 董方庭.巷道围岩松动圈支护理论及应用技术[M].北京:煤炭工业出版社,2001.
[45] 方祖烈.拉压域特征及主次承载区的维护理论[C]//何满朝等.世纪之交软岩工程技术现状与展望.北京:煤炭工业出版社,1999.
[46] 范明建,康红普.锚杆预应力与巷道支护效果的关系研究[J].煤矿开采,2007(4):1-3.
[47] 高富强,康红普,林健.深部巷道围岩分区破裂化数值模拟[J].煤炭学报,2010,35(1):21-25.
[48] 康红普.巷道围岩的承载圈分析[J].岩土力学,1996,17(4):84-89.
[49] 康红普.高强度锚杆支护技术的发展与应用[J].煤炭科学技术,2000,28(2):1-4.
[50] 康红普.巷道围岩的关键圈理论[J].力学与实践,1997,19(1):35-37.
[51] 康红普.深部煤巷锚杆支护技术的研究与实践[J].煤矿开采,2008(1):1-5.

[52] 康红普.煤矿预应力锚杆支护技术的发展与应用[J].煤矿开采,2011(3):25-30.

[53] 康红普,姜铁明,高富强.预应力在锚杆支护中的作用[J].煤炭学报,2007,32(7):680-685.

[54] 康红普,姜铁明,高富强.预应力锚杆支护参数的设计[J].煤炭学报,2008,33(7):721-726.

[55] 康红普,林健,张冰川.小孔径预应力锚索加固困难巷道的研究与实践[J].岩石力学与工程学报,2003,22(3):387-390.

[56] 康红普,牛多龙,张镇,等.深部沿空留巷围岩变形特征与支护技术[J].岩石力学与工程学报,2010,29(10):1977-1987.

[57] 康红普,王金华,林健.高预应力强力支护系统及其在深部巷道中的应用[J].煤炭学报,2007,32(12):1233-1238.

[58] 康红普,王金华,林健.煤矿巷道支护技术的研究与应用[J].煤炭学报,2010,35(11):1809-1814.

[59] 康红普,吴拥政,李建波.锚杆支护组合构件的力学性能与支护效果分析[J].煤炭学报,2010,35(7):1057-1065.

[60] 王金华,康红普,高富强.锚索支护传力机制与应力分布的数值模拟[J].煤炭学报,2008,33(1):1-6.

[61] 张镇,康红普.深部沿空留巷巷内锚杆支护机理及选型设计[J].铁道建筑技术,2011(9):1-5.

[62] 张镇,康红普,王金华.煤巷锚杆-锚索支护的预应力协调作用分析[J].煤炭学报,2010,35(6):881-886.

[63] KANG H P, WANG J H, LIN J. Reinforcement technique and its application in complicated roadways in underground coal mines[J]. Journal of Engineering Materials and Technology,2011,117(3):255-259.

[64] 彭苏萍,王希良,刘咸卫,等."三软"煤层巷道围岩流变特性试验研究[J].煤炭学报,2001,26(2):149-152.

[65] 林育梁.软岩工程力学若干理论问题的探讨[J].岩石力学与工程学报,1999,18(6):690-693.

[66] 柏建彪,王襄禹,姚喆.高应力软岩巷道耦合支护研究[J].中国矿业大学学报,2007,36(4):421-425.

[67] 鲁岩,方新秋,柏建彪.基于模拟优化确定深井软岩巷道锚杆支护技术的应用[J].煤炭工程,2007(4):25-28.

[68] 王襄禹,柏建彪,李伟.高应力软岩巷道全断面松动卸压技术研究[J].采矿

与安全工程学报,2008,25(1):37-40.
[69] 高延法,范庆忠,崔希海,等.岩石流变及其扰动效应试验研究[M].北京:科学出版社,2007.
[70] 高延法,肖华强,王波,等.岩石流变扰动效应试验及其本构关系研究[J].岩石力学与工程学报,2008,27(S1):3180-3185.
[71] 高延法,曲祖俊,牛学良,等.深井软岩巷道围岩流变与应力场演变规律[J].煤炭学报,2007,32(12):1244-1252.
[72] 王波,高延法,王军.流变扰动效应引起围岩应力场演变规律分析[J].煤炭学报,2010,35(9):1446-1450.
[73] 高延法,马鹏鹏,黄万朋,等.RRTS-II型岩石流变扰动效应试验仪[J].岩石力学与工程学报,2011,30(2):238-243.
[74] 范庆忠,李术才,高延法.软岩三轴蠕变特性的试验研究[J].岩石力学与工程学报,2007,26(7):1381-1384.
[75] 范庆忠.岩石蠕变及其扰动效应试验研究[D].泰安:山东科技大学,2006.
[76] 范庆忠,高延法.分级加载条件下岩石流变特性的试验研究[J].岩石工程学报,2005,27(11):38-41.
[77] 陈沅江,潘长良,曹平,等.软岩流变的一种新力学模型[J].岩土力学,2003,24(2):209-214.
[78] 刘波,杨仁树,何满潮,等.深部矿井锚拉支架设计理论及应用[J].岩石力学与工程学报,2005,24(16):2875-2881.
[79] 周宏伟,谢和平,董正亮,等.深部软岩巷道喷射钢纤维混凝土支护技术[J].工程地质学报,2001,9(4):393-398.
[80] 樊克恭,蒋金泉.弱结构巷道围岩变形破坏与非均称控制机理[J].中国矿业大学学报,2007(1):54-59.
[81] 樊克恭,翟德元.岩性弱结构巷道破坏失稳分析[J].矿山压力与顶板管理,2004(3):11-14.
[82] 樊克恭,翟德元.几何弱结构巷道稳定性分析[J].煤炭工程,2004(9):64-66.
[83] 樊克恭.巷道围岩弱结构损伤破坏效应与非均称控制机理研究[D].泰安:山东科技大学,2003.
[84] 樊克恭,翟德元,蒋金泉.巷帮薄层弱结构的塑性区与松动圈形态[J].矿山压力与顶板管理,2003(4):6-8.
[85] 李术才,王琦,李为腾,等.深部厚顶煤巷道让压型锚索箱梁支护系统现场试验对比研究[J].岩石力学与工程学报,2012,31(4):656-666.

[86] 韩建新,李术才,李树忱,等.基于强度参数演化行为的岩石峰后应力-应变关系研究[J].岩土力学,2013,34(2):342-346.

[87] 刘钦,李术才,李利平,等.软弱破碎围岩隧道炭质页岩蠕变特性试验研究[J].岩土力学,2012,33(S2):21-28.

[88] 王琦,李术才,李为腾,等.让压型锚索箱梁支护系统组合构件耦合性能分析及应用[J].岩土力学,2012,33(11):3374-3384.

[89] 王琦,李术才,李为腾,等.深部厚顶煤巷道让压型锚索箱梁支护系统布置方式对比研究[J].岩土力学,2013,24(3):842-848.

[90] 张波,李术才,杨学英,等.裂隙充填对岩体单轴压缩力学性能及锚固效应的影响[J].煤炭学报,2012,37(10):1671-1676.

[91] 刘钦,李术才,李利平,等.软弱破碎围岩隧道大变形施工力学行为及支护对策研究[J].山东大学学报(工学版),2011,41(3):118-125.

[92] 王汉鹏,李术才,李为腾,等.深部厚煤层回采巷道围岩破坏机制及支护优化[J].采矿与安全工程学报,2012,29(5):631-636.

[93] 李术才,王刚,王书刚,等.加锚断续节理岩体断裂损伤模型在硐室开挖与支护中的应用[J].岩石力学与工程学报,2006,25(8):1582-1590.

[94] 张思峰,周健,宋修广,等.预应力锚索锚固效应的三维数值模拟及其工程应用研究[J].地质力学学报,2006,12(2):166-173.

[95] 张向东,李永靖,张树光,等.软岩蠕变理论及其工程应用[J].岩石力学与工程学报,2004,23(10):1635-1639.

[96] 王祥秋,杨林德,高文华.软弱围岩蠕变损伤机理及合理支护时间的反演分析[J].岩石力学与工程学报,2004,23(5):793-796.

[97] 王祥秋,陈秋南,韩斌.软岩巷道流变破坏机理与合理支护时间的确定[J].有色金属,2000,52(4):14-17.

[98] 贾明魁.锚杆支护煤巷冒顶事故研究及其隐患预测[D].北京:中国矿业大学(北京),2004.

[99] 李刚.水岩耦合作用下软岩巷道变形机理及其控制研究[D].阜新:辽宁工程技术大学,2009.

[100] 黄万朋.深井巷道非对称变形机理与围岩流变及扰动变形控制研究[D].北京:中国矿业大学(北京),2012.

[101] 何峰,王来贵.圆形巷道围岩的流变分析[J].西部探矿工程,2007,19(1):139-141.

[102] 邵祥泽,潘志存,张培森.高地应力巷道围岩的蠕变数值模拟[J].采矿与安全工程学报,2006,23(2):245-248.

[103] 张玉军,唐仪兴.输水隧洞流变-膨胀性围岩稳定性的有限元分析[J].岩土力学,2000,21(2):159-162.
[104] 徐长洲,陈万祥,郭志昆.软岩蠕变特性的数值分析[J].解放军理工大学学报,2006,7(6):562-565.
[105] 蒋昱州,徐卫亚,王瑞红,等.水电站大型地下洞室长期稳定性数值分析[J].岩土力学,2008,29(S1):52-58.
[106] 丁秀丽,刘建,白世伟,等.岩体蠕变结构效应的数值模拟研究[J].岩石力学与工程学报,2006,25(S2):3642-3649.
[107] 王永岩,齐珺,杨彩虹,等.深部岩体非线性蠕变规律研究[J].岩土力学,2005,26(1):117-121.
[108] 万志军,周楚良,马文顶,等.巷道/隧道围岩非线性流变数学力学模型及其初步应用[J].岩石力学与工程学报,2005,24(5):761-767.
[109] 韩林海,杨有福.现代钢管混凝土结构技术[M].北京:中国建筑工业出版社,2004.
[110] 胡曙光,丁庆军.钢管混凝土[M].北京:人民交通出版社,2007.
[111] 钟善桐.钢管混凝土结构[M].北京:清华大学出版社,2003.
[112] FURLONG R W. Design of steel-encased concrete beam-columns[J]. Journal of Structural Division,2012,22(5):267-281.
[113] FURLONG R W. Columns rules of ACI,SSLC,and LRFD compared[J]. Journal of Structural Division,1983,109(10):2375-2386.
[114] GHOSH R S. Strengthening of slender hollow steel columns by filling with concrete[J]. Canadian Journal of Civil Engineering,1977,4(2):127-133.
[115] GARDNER N J. Structural behavior of concrete filled steel tubes[J]. ACI Structural Journal,1967(1):38-64.
[116] TOMII M,MATSUI V,SAKINO K. Concrete filled steel tube structures ASCE-IABSE[C]. Tokyo: National Conference on the Planning and Design of Tall Buildings,1973:55-72.
[117] ACI Committee318. Building code requirements for reinforced concrete (ACI 318—71)[S]. American Concrete Institute,1995.
[118] UY B. Concrete-filled fabricated steel box columns for multistory buildings: Behaviorand design[J]. Progress in Structural Engineering and Materials, 1998,1(2):150-158.
[119] UY B.Wet concrete loading of thin-walled steel box columns during the construction of a tall building[J]. Journal of Constructional Steel Research,

1998,42(2):95-119.

[120] WEBB J,PEYTON J J. Composite concrete filled steel tube columns [C]. Australia:Process of the Structural Engineering Conference,1990:181-185.

[121] 查晓雄. 空心和实心钢管混凝土结构[M]. 北京:科学出版社,2011.

[122] 王强,臧德胜. 钢管混凝土支架模型力学性能试验研究[J]. 建井技术,2008(2):33-35.

[123] 臧德胜,李安琴. 钢管砼支架的工程应用研究[J]. 岩土工程学报,2001,23(3):342-344.

[124] 臧德胜,韦潞. 钢管混凝土支架的研究和实验室试验[J]. 建井技术,2001(6):25-28.

[125] 夏欢阁,张少峰,王东旭,等. 下山岩巷中应用钢管混凝土支架[J]. 煤炭科技,2012(2):57-58.

[126] 李学彬,高延法,黄万朋,等. 动压软岩巷道钢管混凝土支架支护围岩稳定性分析[J]. 科技导报,2012(16):42-47.

[127] LIU G L,WANG J,WANG H B. Application research on concrete filled steel tube supports supporting technology in stress concentration roadway[J]. Advanced Materials Research,2012(594-597):773-778.

[128] LI X B,MA Z X,LIU G L. Research on steel tube confined concrete supports support technology for soft rock roadway in coal bed washout [J]. Applied Mechanics and Materials,2011(121-126):3471-3476.

[129] 高延法,李学彬,王军,等. 钢管混凝土支架注浆孔补强技术数值模拟分析[J]. 隧道建设,2011(4):426-430.

[130] 李学彬. 钢管混凝土支架强度与巷道承压环强化支护理论研究[D]. 北京:中国矿业大学(北京),2012.

[131] 李冰. 深井软岩巷道钢管混凝土支架支护稳定性分析及工程应用[D]. 北京:中国矿业大学(北京),2009.

[132] 马鹏鹏. 不同壁厚钢管混凝土短柱实验与支架应用研究[D]. 北京:中国矿业大学(北京),2010.

[133] 王军. 华丰煤矿深井巷道钢管混凝土支架支护技术研究[D]. 北京:中国矿业大学(北京),2010.

[134] 路侃. 益新煤矿深井软岩巷道钢管混凝土支架支护方案研究[D]. 北京:中国矿业大学(北京),2010.

[135] 张长福. 动压软岩巷道钢管混凝土支架支护性能与经济效益分析[D]. 北

京:中国矿业大学(北京),2009.
[136] 黄莎.钢管混凝土支架混凝土性能试验研究[D].北京:中国矿业大学(北京),2012.
[137] 鹿士忠.大淑村煤矿应力集中区巷道钢管混凝土支架支护研究[D].北京:中国矿业大学(北京),2012.
[138] 王思,申磊,刘国磊.钢管混凝土支架支护设计与应用[J].华北科技学院学报,2012,9(1):50-54.
[139] 王亮.鲁村煤矿深井软岩井底车场钢管混凝土支架支护方案研究[D].北京:中国矿业大学(北京),2012.
[140] 王超.钢管混凝土支架在查干淖尔主斜井极弱软岩层中的应用研究[D].北京:中国矿业大学(北京),2012.
[141] 张少峰.鹤壁三矿钢管混凝土支架技术应用研究[D].北京:中国矿业大学(北京),2012.
[142] 陈明程.平朔井工三矿东翼大巷冲刷带段钢管混凝土支架支护技术研究[D].北京:中国矿业大学(北京),2012.
[143] 臧华,刘钊,涂永明.计算圆钢管混凝土构件抗弯承载力的新方法[J].武汉理工大学学报,2009,31(17):96-98.
[144] 钢筋混凝土结构设计规范修订组.钢筋混凝土结构设计规范中混凝土的几个基本力学指标及设计强度的取值[J].建筑结构,1975(4):57-59.
[145] 中国工程建设标准化协会.钢管混凝土结构技术规程:CECS 28:2012[S].北京:中国计划出版社,2012.
[146] 沈明荣,陈建峰.岩体力学[M].上海:同济大学出版社,2006.
[147] 蔡美峰.岩石力学与工程[M].北京:科学出版社,2002.
[148] 何满潮.中国煤矿软岩巷道支护理论与实践[M].北京:中国矿业大学出版社,1996.
[149] 康红普,王金华.煤巷锚杆支护理论与成套技术[M].北京:煤炭工业出版社,2007.
[150] 陆士良,汤雷,杨新安.锚杆锚固力与锚固技术[M].北京:煤炭工业出版社,1998.
[151] 侯朝炯,勾攀峰.巷道锚杆支护围岩强度强化机理研究[J].岩石力学与工程学报,2000,19(3):342-345.
[152] 汤雷,蒋金平.锚杆支护强度[J].地下空间,1997,17(2):65-69.
[153] 冯永烜,王明恕.全长锚固锚杆的工作机理[J].煤炭学报,1988(2):31-42.

[154] 王明恕.全长锚固锚杆机理的探讨[J].煤炭学报,1983(1):40-47.

[155] 王明恕,何修仁,郑雨天.全长锚固锚杆的力学模型及其应用[J].金属矿山,1983(4):24-29.

[156] 朱训国,杨庆.全长注浆岩石锚杆中性点影响因素分析研究[J].岩土力学,2009,30(11):3386-3392.

[157] 赵子江,陈庆敏,王苇.软弱型软岩锚杆失效分析[J].矿山压力与顶板管理,1999,16(2):11-74.

[158] 徐芝纶.弹性力学简明教程[M].北京:高等教育出版社,1999.

[159] 彭文斌.FLAC3D 实用教程[M].北京:机械工业出版社,2013.

[160] 刘波,韩彦辉.FLAC 原理、实例与应用指南[M].北京:人民交通出版社,2005.

[161] Itasca Consulting Group Inc. FLAC^{3D} users' manual[R]. Minneapolis: Itasca Consulting Group Inc. ,2004.

[162] 蔡美峰.地应力测量原理和技术[M].北京:科学出版社,1995.

[163] 倪兴华.地应力研究与应用[M].北京:煤炭工业出版社,2007.

[164] 高丹盈,赵军,朱海堂.钢纤维混凝土设计与应用[M].北京:中国建筑工业出版社,2002.